天工開物

圖書在版編目（CIP）數據

天工開物 /（明）宋應星著. -- 揚州 : 廣陵書社,
2013.4
ISBN 978-7-80694-942-9

Ⅰ. ①天… Ⅱ. ①宋… Ⅲ. ①農業史－中國－古代②
手工業史－中國－古代 Ⅳ. ①N092

中國版本圖書館CIP數據核字(2013)第065421號

天工開物

著　者　（明）宋應星
責任編輯　嚴　嵐
出 版 人　曾學文
出版發行　廣陵書社
社　址　揚州市維揚路三四九號
郵　編　二二五〇〇九
電　話　（〇五一四）八五二二八〇八八　八五二二八〇八九
印　刷　揚州廣陵古籍刻印社
版　次　二〇一三年四月第一版第一次印刷
標準書號　ISBN 978-7-80694-942-9
定　價　肆佰捌拾圓整（全叁册）

http://www.yzglpub.com　E-mail:yzglss@163.com

天工開物

（明）宋應星　著

廣陵書社
中國・揚州

出版説明

明代的農業和手工業生產在宋元的基礎上有了很大的進步，農作物的耕種栽培技術更加成熟，農業的發展爲手工業生產提供了充足的原料和市場，同時造紙業、采礦業、冶金及金屬加工工業也快速發展。明代中葉開始產生的資本主義萌芽，對明代社會的科學技術發展有着促進作用，一批封建知識分子衝破宋明理學的束縛，提倡經世致用，爲此出現了不少著名的科學家和科學著作，宋應星所著《天工開物》即爲其中之一。

宋應星（一五八七—？），字長庚，江西奉新縣人。萬曆四十三年（一六一五），宋應星與兄長宋應昇同時考中舉人，時人稱他們爲『奉新二宋』。歷任江西分宜縣教諭、福建汀州推官、安徽亳州知州等，在分宜縣教諭任上撰寫了《天工開物》。

《天工開物》共三卷十八篇，配以一百多幅插圖。內容以農業和手工業生產技術經驗爲主，幾乎涵蓋了當時社會生產的所有領域。卷上六篇，內容包括穀物及其加工、製鹽、製糖、製衣及染色等；卷中七篇，內容爲手工業技術，包括製陶、鑄造、車船、鍛造、開礦、製油等；卷下五篇，內容以工業生產爲主，包括五金生產、兵器製造、丹青顔料製作、釀酒、珠玉開采等。全書以穀物開篇，以珠玉結束，對內容的先後次序，作者在《天工開物序》中有所説明，『卷分前後，乃貴五穀而賤金玉之義』。

《天工開物》是中國古代重要的科學技術名著，全面而系統地反映了明以前我國農業和手工業生產的技術發展水平，體現了作者的農本思想，主張發展手工業、冶礦業，提倡經貿往來，繁榮社會經濟。內容豐富，文字簡明，插圖生動形象。歷來備受國內外推崇，迄今已有日、英、德、法等譯本。陶湘在《重印天工開物緣起》中如此評價，『三百年前農工實業之專著捨此無他』，外國學者稱其爲『中國十七世紀的工藝百科全書』。

《天工開物》初刊于崇禎十年（一六三七），由宋應星好友涂伯聚幫助刊印，此爲『涂本』，最爲珍貴，此後所有版本都源出于此。至民國初年，《天工開物》受到丁文江、章鴻釗、羅振玉及陶湘等人注意，鑒于初刻本刊印倉促，訛誤較多，欲謀求出一新版，後由陶氏主持重校付印，即後來的『陶本』。『陶本』以日本菅生堂明和辛卯年（一七七一）和刻本爲基礎，以清代大型類書《古今圖書集成》、《授時通考》等校訂，圖文均作了校改，凡有目無圖或有圖無目的都進行了增補。一九二七年以石印綫裝本形式出版，卷首署：『歲在丁卯仲秋，武進涉園據日本明和年所刊，以《古今圖書集成》本校訂付印。』一九二九年重印，此爲涉園重印本，重印本扉頁由羅振玉題籤，背面有『歲在己巳涉園重印』牌記，書前有陶湘《重印天工開物緣起》，書後附録都庭鐘《天工開物卷後序》、《奉新宋長庚先生傳》、丁文江《重印天工開物卷跋》。

我社現據涉園重印本影印出版，宣紙綫裝，再現原書面貌，極具資料、版本及收藏價值。

廣陵書社編輯部

二〇一三年三月

天工開物

羅振玉署

歲在壬巳
浙圖重印

重印天工開物緣起

天工開物三卷明奉新宋應星著其書之詳晰及宋氏事實具詳丁君文江所撰跋語及傳略中惟日本翻刻本及傳鈔本圖版不精讀者引以爲憾東京前田氏尊經閣藏宋氏原刻本假得校勘如自序云名曰天工開物傷哉貧也翻刻本物下多一卷字書名幾誤今以宋氏原序照印附入以存其眞此外訛錯加印紅識按古今圖書集成引用是書十之七八圖則十之三四授時通考僅引乃粒乃服各圖而缺其說大抵鑄錢作鹹開礦兵器均爲禁政瓷窯亦設專司珠玉王者所輕所以

各書或採其圖或略其說或並圖說皆不錄迄今三百年來流行絶少者殆在是也今科學昌明是書不啻椎輪之於大輅然三百年前農工實業之專著舍此無他居今稽古詎能廢而不講茲特重校付印並以圖書集成及授時通考諸書所收各圖依類摹入間有不合畫理者亦按原圖校正原書有總目今錄分目其有目無圖或有圖無目又增圖補圖均分別詳注所增補之圖皆據圖書集成及授時通考摹入藏事之日爰識始末

天工開物卷上

原序

總目

乃粒第一

今訂圖目

乃服第二

今訂圖目

腰機圖　花機圖　赶棉　彈棉　擦條 原有目缺　紡縷
一 原有　紡縷二 增

彰施第三

諸色質料　藍澱　紅花　造紅花餅法　燕脂

槐花

粹精第四

攻稻　擊禾　軋禾　風車　石碾 碓　水碓　臼　篩　皆具圖　攻麥　颺　磨 羅　具圖

攻黍稷粟粱麻菽　小碾　枷 具圖

今訂圖目

濕田擊稻　場中打稻 以上二圖原有目稱擊禾　軋禾 目有圖缺　赶

稻及菽 原有目缺　打枷　篩穀 目稱篩原缺今補　風車　颺扇 目稱颺原缺今補　礱 增　土礱 原有目缺　木礱 原有目缺　碓 目有原缺今補　水碓

磨 目有圖缺今補　水磨 增　礱磨 增　小輾　石輾 原圖稱水牛輾

輾 增　擊麻 補　簸揚 補　舂臼 原有目稱臼　麪羅 原有目稱羅

作鹹第五

鹽產　海水鹽　池鹽　井鹽　末鹽　崖鹽

今訂圖目

佈灰種鹽 原有目缺　淋水先入淺坑 原有目缺　海鹵煎煉 原有目缺

較量收藏 增 以上四圖均據兩淮鹽法志校訂　池鹽 原有目缺今據河東鹽法志校正

井鹽 原有一圖目缺今據四川鹽法志增訂目如下　開井口　下石圈

舟　漕舫　海舟　雜舟　車

今訂圖目

漕舫　六槳課舡　合掛大車　雙縋獨轅車　南方獨推車 以上五圖原有目皆缺

錘鍛第十

治鐵　斤斧　鋤鎛　鎈　錐　鋸　鉋　鑿　錨

針

治銅

今訂圖目

錘錨　錘鉦與鐲　抽線琢鍼 以上三圖原有目皆缺

燔石第十一

石灰　蠣灰　煤炭　礬石　白礬　青礬　紅礬

黃礬　膽礬　硫黃　砒石

今訂圖如下

挖煤　煤餅燒石成灰　鑿取蠣房　燒皂礬　燒取硫黃　燒砒 以上六圖原有目皆缺

膏液第十二

油品　法具　皮油

今訂圖目

南方榨　推柏子黑粒去殼取仁　櫓皮油及諸芸

臺胡麻以上三圖原有目皆缺

殺青第十三

紙料　造竹紙　造皮紙

今訂圖目

斬竹漂塘　煮楻足火　蕩料入簾　覆簾壓紙

透火焙乾以上五圖原有目皆缺

天工開物卷下

五金第十四

黄金　銀　硃砂銀　銅　倭鉛　鐵　錫　鉛

胡粉　黄丹

今訂圖目

開採銀礦　鎔礁結銀與鉛　沉鉛結銀　分金爐

清銹底　化銅　升煉倭鉛　穴取銅鉛　墾土拾

錠　淘洗鐵砂　生熟煉鐵爐　河池山錫　南丹

水錫　煉錫爐以上十三圖原有目皆缺

佳兵第十五

弧矢　弩　干　火藥料　消石　硫黄　火器

今訂圖目

試弓定力　端箭　連發弩　鳥銃　萬人敵　地

雷　地雷炸　混江龍　混江龍炸　八面轉百子

天工開物序

天覆地載物數號萬而事亦因之曲成而不遺豈人力也哉事物而既萬矣必待口授目成而後識之其與幾何萬

事萬物之中其無益生人與有益者各載其半世有聰明博物者稠人推焉乃棗梨之花未賞而臆度楚萍釜鬵之範鮮經而侈談莒鼎畫工好

圖鬼魅而惡犬馬即鄭僑晉華豈足爲烈抑幸生聖明極盛之世滇南東馬縱貫遼陽嶺徼宦商衝邊薊北爲方萬里中何事何物不可見見聞

聞若爲士而生東晉之初南宋之季其視燕秦晉豫方物已成夷虜從互市而得裘帽何殊肅慎之矢也且夫王孫帝子生長深宮御廚玉粒正

香而欲觀耒耜尚宫錦衣方剪而想像機絲當時也披圖一觀必獲重寶矣年來著書一種名曰天工開物傷哉貧也欲購奇攷證而乏洛下之資欲招致同人商略贗真而缺陳思之館隨其孤陋見聞藏諸方寸而寫之豈有當哉吾友涂伯聚先生誠意動天心靈格物凡古今一言之

嘉寸長可取必勤勤懇懇而契合焉昨歲畫音歸正繇先生而授梓茲有後命復取此卷而繼起為之其亦夙緣之所召哉卷分前後乃貴五穀而賤金玉之義觀象樂律二卷其道大精自揣非吾事故臨梓刪去丐大業文人棄擲案頭此書于功名進取毫不相關也

宋應星題

天覆地載物數號萬而事亦因之曲成而不遺豈人力也哉事物而既萬矣必待口授目成而後識之其與幾何萬事萬物之中其無益生人與有益者各載其半世有聰明博物者稠人推焉乃棗梨之花未賞而臆度楚萍釜鬵之範鮮經而侈談莒鼎畫工好圖鬼魅而惡犬馬即鄭僑晉華豈足爲烈哉幸生聖明極盛之世滇南車馬縱貫遼陽嶺徼宦商衡遊薊北爲方萬里中何事何物不可見見聞聞若爲士而生東晉之初南宋之季其視燕秦晉豫方物已成夷產從互市而得裘帽何殊肅慎之矢也且夫王孫帝子生長深宮御廚玉粒正香而欲觀耒耜尚宮錦衣方

剪而想像機絲當斯時也披圖一觀如獲重寶矣年來著書一種名曰天工開物卷傷哉貧也欲購奇考證而乏洛下之資欲招致同人商畧贗真而缺陳思之館隨其孤陋見聞藏諸方寸而寫之豈有當哉吾友涂伯聚先生誠意動天心靈格物凡古今一言之嘉寸長可取必勤勤懇懇而契合焉昨歲畫音歸正繇先生而授梓茲有後命復取此卷而繼起爲之其亦夙緣之所召哉卷分前後乃貴五穀而賤金玉之義觀象樂律二卷其道太精自揣非吾事故臨梓刪去丐大業文人棄擲案頭此書于功名進取毫不相關也旹

崇禎丁丑孟夏月奉新宋應星書于家食之問堂

目錄

卷上

卷中

卷下

天工開物卷上

明　分宜教諭宋應星著

乃粒第一

宋子曰上古神農氏若存若亡然味其徽號兩言至今存矣生人不能久生而五穀生之五穀不能自生而生人生之土脉歷時代而異種性隨水土而分不然神農去陶唐粒食已千年矣耒耜之利以教天下豈有隱焉而紛紛嘉種必待后稷詳明其故何也紈褲之子以赭衣視笠蓑經生之家以農夫爲詬詈晨炊晚饟知其味而忘其源者衆矣夫先農而繫之以神豈人力之所爲哉

總名

凡穀無定名百穀指成數言五穀則麻菽麥稷黍獨遺稻者以著書聖賢起自西北也今天下育民人者稻居什七而來年黍稷居什三麻菽二者功用已全入蔬餌膏饌之中而猶繫之穀者從其朔也

稻

凡稻種最多不粘者禾曰秔米曰粳粘者禾曰稌米曰糯（南方無粘黍酒皆糯米所爲）質本粳而晚收帶粘（俗名婺源光之類）不可爲酒只可爲粥者又一種性也凡稻穀形有長芒短芒（江南名長芒者曰瀏陽早短芒者曰吉安早）長粒尖粒圓頂扁面不一其中米色有雪

白牙黃大赤半紫雜黑不一濕種之期最早者春分以前名爲社種（遇天寒有凍死不生者）最遲者後于清明凡播種先以稻麥藁包浸數日俟其生芽撒于田中生出寸許其名曰秧秧生三十日卽拔起分栽若田畝逢旱乾水溢不可插秧秧過期老而長節卽栽于畝中生穀數粒結果而已凡秧田一畝所生秧供移栽二十五畝凡秧既分栽後早者七十日卽收穫（粳有救公饑喉下急糯有金包銀之類方語百千不可殫述）最遲者歷夏及冬二百日方收穫其冬季播種仲夏卽收者則廣南之稻地無霜雪故也凡稻旬日失水卽愁旱乾夏種冬收之穀必山間源水不絕之畝其穀種亦耐久其土脉亦寒不

催苗也湖濱之田待夏潦已過六月方栽者其秧立夏播種撒藏高畝之上以待時也南方平原田多一歲兩栽兩穫者其再栽秧俗名晚糯非粳類也六月刈初禾耕治老膏田插再生秧其秧清明時已偕早秧撒佈早秧一日無水卽死此秧歷四五兩月任從烈日暵乾無憂此一異也凡再植稻遇秋多晴則汲灌與稻相終始農家勤苦爲春酒之需也凡稻旬日失水則死期至幻出旱稻一種粳而不黏者卽高山可插又一異也香稻一種取其芳氣以供貴人收實甚少滋益全無不足尚也

稻宜

臺胡麻以上三圖原有目皆缺

殺青第十三

紙料　造竹紙　造皮紙

今訂圖目

斬竹漂塘　煮楻足火　蕩料入簾　覆簾壓紙

透火焙乾以上五圖原有目皆缺

天工開物卷下

五金第十四

黃金　銀　硃砂銀　銅　倭鉛　鐵　錫　鉛

胡粉　黃丹

今訂圖目

開採銀礦　鎔礁結銀與鉛　沉鉛結銀　分金爐

淸銹底　化銅　升煉倭鉛　穴取銅鉛　墾土拾

錠　淘洗鐵砂　生熟煉鐵爐　河池山錫　南丹

水錫　煉錫爐以上十三圖原有目皆缺

佳兵第十五

弧矢　弩　干　火藥料　消石　硫黃　火器

今訂圖目

試弓定力　端箭　連發弩　鳥銃　萬人敵　地

雷　地雷炸　混江龍　混江龍炸　八面轉百子

凡稻土脉焦枯則穗實蕭索勤農糞田多方以助之人畜穢遺榨油枯餅（枯者以去膏而得名也胡麻萊菔子爲上芸薹次之大眼桐又次之樟桕棉花又次之）草皮木葉以佐生機普天之所同也（南方磨綠豆粉者取溲漿灌田肥甚豆賤之時撒黃豆于田一粒爛土方三寸得穀之息倍焉）土性帶冷漿者宜骨灰蘸秧根（凡禽獸骨）石灰淹苗足向陽煖土不宜也土脉堅緊者宜耕隴疊塊壓薪而燒之埴墳鬆土不宜也

稻工　耕　耙　磨耙　耘耔　具圖

凡稻田刈穫不再種者土宜本秋耕墾使宿膏化爛敵糞力一倍或秋旱無水及怠農春耕則收穫損薄也凡糞田若撒枯澆澤恐霖雨至過水來肥質隨漂而去謹視天時

在老農心計也凡一耕之後勤者再耕三耕然後施耙則土質勻碎而其中膏脉釋化也凡牛力窮者兩人以扛懸耜項背相望而起土兩人竟日僅敵一牛之力若耕後牛窮製成磨耙兩人肩手磨軋則一日敵三牛之力也凡牛中國惟水黃兩種水牛力倍于黃但畜水牛者冬與土室禦寒夏與池塘浴水畜養心計亦倍于黃牛也凡牛春前力耕汗出切忌雨點將雨則疾驅入室候過穀雨則任從風雨不懼也吳郡力田者以鋤代耜不藉牛力愚見貧農之家會計牛值與水草之資竊盜死病之變不若人力亦便假如有牛者供辦十畝無牛用鋤而勤者半之既已無

牛則秋穫之後田中無復芻牧之患而菽麥麻蔬諸種紛紛可種以再穫償半荒之畝似亦相當也凡稻分秧之後數日舊葉萎黃而更生新葉青葉既長則耔可施焉（俗名撻禾）植杖于手以足扶泥壅根併屈宿田水草使不生也凡宿田茵草之類遇耔而屈折而稊稗與荼蓼非足力所可除者則耘以繼之耘者苦在腰手辨在兩眸非類既去而嘉穀茂焉從此洩以防潦漑以防旱旬月而奄觀銍刈矣

稻災

凡早稻種秋初收藏當午曬時烈日火氣在內入倉廩中關閉太急則其穀粘帶暑氣（勤農之家偏受此患）明年田有糞肥土

脉發燒東南風助煖則盡發炎火大壞苗穗此一災也若種穀晚涼入廩或冬至數九天收貯雪水冰水一甕（交春即不驗）清明濕種時每石以數碗激灑立解暑氣則任從東南風煖而此苗清秀異常矣（祟在種內反怨鬼神）凡稻撒種時或水浮數寸其穀未即沉下驟發狂風堆積一隅此二災也謹視風定而後撒則沉勻成秧矣凡穀種生秧之後防雀聚食此三災也立標飄揚鷹俑則雀可敺矣凡秧沉脚未定陰雨連綿則損折過半此四災也邀天晴霽三日則粒粒皆生矣凡苗既函之後畝土肥澤連發南風薰熱函內生蟲（形似蠶繭）此五災也邀天遇西風雨一陣則蟲化而穀生矣凡

苗吐穡之後暮夜鬼火遊燒此六災也此火乃朽木腹中放出凡木母火子子藏母腹母身未壞子性千秋不滅每逢多雨之年孤野墳墓多被狐狸穿塌其中棺板爲水浸朽爛之極所謂母質壞也火子無附脫母飛揚然陰火不見陽光直待日没黄昏此火衝隙而出其力不能上騰飄遊不定數尺而止凡禾穡葉遇之立刻焦炎逐火之人見他處樹根放光以爲鬼也奮梃擊之反有鬼變枯柴之說不知向來鬼火見燈光而已化矣凡火未經人間燈傳者總屬陰火故見燈即滅

凡苗自函活以至穎栗早者食水三斗晚者食水五斗失水即枯將刈之時少水一升穀數雖存米粒縮小入碾臼中亦多斷碎此七災也汲灌之

智人巧已無餘矣凡稻成熟之時遇狂風吹粒殞落或陰雨竟旬穀粒沾濕自爛此八災也然風災不越三十里陰雨災不越三百里偏方厄難亦不廣被風落不可爲若貧困之家苦于無霽將濕穀升于鍋內燃薪其下炸去糠膜收炒糗以充饑亦補助造化之一端矣

水利

筒車　牛車　踏車　拔車　桔槔　皆具圖

凡稻防旱藉水獨甚五穀厥土沙泥磽膩隨方不一有三日即乾者有半月後乾者天澤不降則人力挽水以濟凡河濵有製筒車者堰陂障流遶于車下激輪使轉挽水入筒一一傾于枧內流入畝中晝夜不息百畝無憂不用水時拴木

礙止使輪不轉動。其湖池不流水或以牛力轉盤或聚數人踏轉車身長者二丈短者半之其內用龍骨拴串板關水逆流而上大抵一人竟日之力灌田五畝而牛則倍之其淺池小澮不載長車者則數尺之車一人兩手疾轉竟日之功可灌二畝而已揚郡以風帆數扇俟風轉車風息則止此車為救潦欲去澤水以便栽種蓋去水非取水也不適濟旱用桔槔轆轤功勞又甚細已

麥

凡麥有數種小麥曰來麥之長也大麥曰牟曰穬雜麥曰雀曰蕎皆以播種同時花形相似粉食同功而得麥名也

四海之內燕秦晉豫齊魯諸道烝民粒食小麥居半而黍稷稻粱僅居半西極川雲東至閩浙吳楚腹焉方長六千里中種小麥者二十分而一磨麪以為捻頭環餌饅首湯料之需而饔飧不及焉種餘麥者五十分而一閭閻作苦以充朝膳而貴介不與焉穬麥獨產陝西一名青稞即大麥隨土而變而皮成青黑色者秦人專以飼馬饑荒人乃食之大麥亦有粘者河洛用以釀酒雀麥細穗穗中又分十數細子間亦野生蕎麥實非麥類然以其為粉療饑傳名為麥則麥之而已凡北方小麥歷四時之氣自秋播種明年初夏方收南方者種與收期時日差短江南麥花夜發江北麥花晝

發亦一異也大麥種穫期與小麥相同蕎麥則秋半下種不兩月而即收其苗遇霜即殺邀天降霜遲遲則有收矣

麥工

北耕種　耨　具圖

凡麥與稻初耕墾土則同播種以後則耘耔諸勤苦皆屬稻麥惟施耨而已凡北方厥土墳壚易解釋者種麥之法耕具差異耕即兼種其服牛起土者耒不用耕並列兩鐵于橫木之上其具方語曰鏹鏹中間盛一小斗貯麥種于內其斗底空梅花眼牛行搖動種子即從眼中撒下欲密而多則鞭牛疾走子撒必多欲稀而少則緩其牛撒種即少既撒種後用驢駕兩小石團壓土埋麥凡麥種緊壓方

生南地不與北同者多耕多耙之後然後以灰拌種手指拈而種之種過之後隨以腳根壓土使緊以代北方驢石也耕種之後勤議耨鋤凡耨草用闊面大鎛麥苗生後耨不厭勤（有三過四過者）餘草生機盡誅鋤下則竟畝精華盡聚嘉實矣功勤易耨南與北同也凡糞麥田既種以後糞無可施爲計在先也陝洛之間憂蟲蝕者或以砒礵拌種子南方所用惟炊燼也（俗名地灰）南方稻田有種肥田麥者不糞麥實當春小麥大麥青青之時耕殺田中蒸罨土性秋收稻穀必加倍也凡麥收空隙可再種他物自初夏至季秋時日亦半載擇土宜而爲之惟人所取也南方大麥有既刈

之後乃種遲生粳稻者勤農作苦明賜無不及也凡蕎麥南方必刈稻北方必刈菽稷而後種其性稍吸肥腴能使土瘦然計其穫入業償半穀有餘勤農之家何妨再糞也

麥災

凡麥防患抵稻三分之一播種以後雪霜晴潦皆非所計麥性食水甚少北土中春再沐雨水一升則秀華成嘉粒矣荆揚以南唯患霉雨倘成熟之時晴乾旬日則倉廩皆盈不可勝食揚州諺云寸麥不怕尺水謂麥初長時任水滅頂無傷尺麥只怕寸水謂成熟時寸水軟根倒莖沾泥則麥粒盡爛于地面也江南有雀一種有肉無骨飛食麥田數盈千萬然不廣及罹害者數十里而止江北蝗生則大祲之歲也

黍稷　粱粟

凡糧食米而不粉者種類甚多相去數百里則色味形質隨方而變大同小異千百其名北人唯以大米呼粳稻而其餘概以小米名之凡黍與稷同類粱與粟同類黍有黏有不黏（黏者為酒）稷有粳無黏凡黏黍黏粟統名曰秫非二種外更有秫也黍色赤白黃黑皆有而或專以黑色為稷未是至以稷米為先他穀熟堪供祭祀則當以早熟者為稷則近之矣凡黍在詩書有虋芑秬秠等名在今方語有牛

毛燕頷馬革驢皮稻尾等名種以三月爲上時五月熟四月爲中時七月熟五月爲下時八月熟揚花結穗總與來牟不相見也凡黍粒大小總視土地肥磽時令害育宋儒拘定以某方黍定律未是也凡粟與粱統名黃米黏粟可爲酒而蘆粟一種名曰高粱者以其身高七尺如蘆荻也粱粟種類名號之多視黍稷猶甚其命名或因姓氏山水或以形似時令總之不可枚舉山東人唯以穀子呼之併不知粱粟之名也已上四米皆春種秋穫耕耨之法與來牟同而種收之候則相懸絶云

麻

凡麻可粒可油者惟火麻胡麻二種胡麻即脂麻相傳西漢始自大宛來古者以麻爲五穀之一若專以火麻當之義豈有當哉竊意詩書五穀之麻或其種已滅或即菽粟之中別種而漸訛其名號皆未可知也今胡麻味美而功高即以冠百穀不爲過火麻子粒壓油無多皮爲疏惡布其值幾何胡麻數龠充腸移時不餒粔餌飴餳得黏其粒味高而品貴其爲油也髮得之而澤腹得之而膏腥羶得之而芳毒厲得之而解農家能廣種厚實可勝言哉種胡麻法或治畦圃或壟田畝土碎草淨之極然後以地灰微濕拌勻麻子而撒種之早者三月種遲者不出大暑前早

種者花實亦待中秋乃結耨草之功唯鋤是視其色有黑白赤三者其結角長寸許有四稜者房小而子少八稜者房大而子多皆因肥瘠所致非種性也收子榨油每石得四十觔餘其枯用以肥田若饑荒之年則留供人食

菽

凡菽種類之多與稻黍相等播種收穫之期四季相承果腹之功在人日用蓋與飲食相終始　一種大豆有黑黃兩色下種不出清明前後黃者有五月黃六月爆冬黃三種五月黃收粒少而冬黃必倍之黑者刻期八月收淮北長征騾馬必食黑豆筋力乃强凡大豆視土地肥磽耨草勤怠雨露足慳分收入多少凡爲豉爲醬爲腐皆于大豆中取質焉江南又有高脚黃六月刈早稻方再種九十月收穫江西吉郡種法甚妙其刈稻田竟不耕墾每禾藁頭中拈豆三四粒以指扱之其藁凝露水以滋豆豆性充發復浸爛藁根以滋已生苗之後遇無雨亢乾則汲水一升以灌之一灌之後再耨之餘收穫甚多凡大豆入土未出芽時妨鳩雀害歐之惟人　一種綠豆圓小如珠綠豆必小暑方種未及小暑而種則其苗蔓延數尺結莢甚稀若過期至于處暑則隨時開花結莢顆粒亦少豆種亦有二一日摘綠莢先老者先摘人逐日而取之一日拔綠則至

期老足竟畝拔取也凡綠豆磨澄曬乾爲粉盪片搓索食家珍貴做粉溲漿灌田甚肥凡畜藏綠豆種子或用地灰石灰馬蓼或用黃土拌收則四五月間不愁空蛀勤者逢晴頻曬亦免蛀凡已刈稻田夏秋種綠豆必長接斧柄擊碎土塊發生乃多凡種綠豆一日之內遇大雨扳土則不復生既生之後防雨水浸疏溝澮以洩之凡耕綠豆及大豆田地耒耜欲淺不宜深入蓋豆質根短而苗直耕土既深土塊曲壓則不生者半矣深耕二字不可施之菽類此先農之所未發者

一種豌豆此豆有黑斑點形圓同綠豆而大則過之其種十月下來年五月收凡樹木葉遲者

其下亦可種

一種蠶豆其莢似蠶形豆粒大于大豆八月下種來年四月收西浙桑樹之下徧環種之蓋凡物樹葉遮露則不生此豆與豌豆樹葉茂時彼已結莢而成實矣襄漢上流此豆甚多而賤果腹之功不啻黍稷也

一種小豆赤小豆入藥有奇功白小豆一名飯豆當飧助嘉穀夏至下種九月收穫種盛江淮之間

一種穭音呂豆此豆古者野生田間今則北土盛種成粉盪皮可敵綠豆燕京負販者終朝呼穭豆皮則其產必多矣

一種白藊豆乃沿籬蔓生者一名蛾眉豆其他豇豆虎斑豆刀豆與大豆中分青皮褐色之類間繁一方者猶不能盡述皆充蔬代穀

以粒烝民者博物者其可忽諸

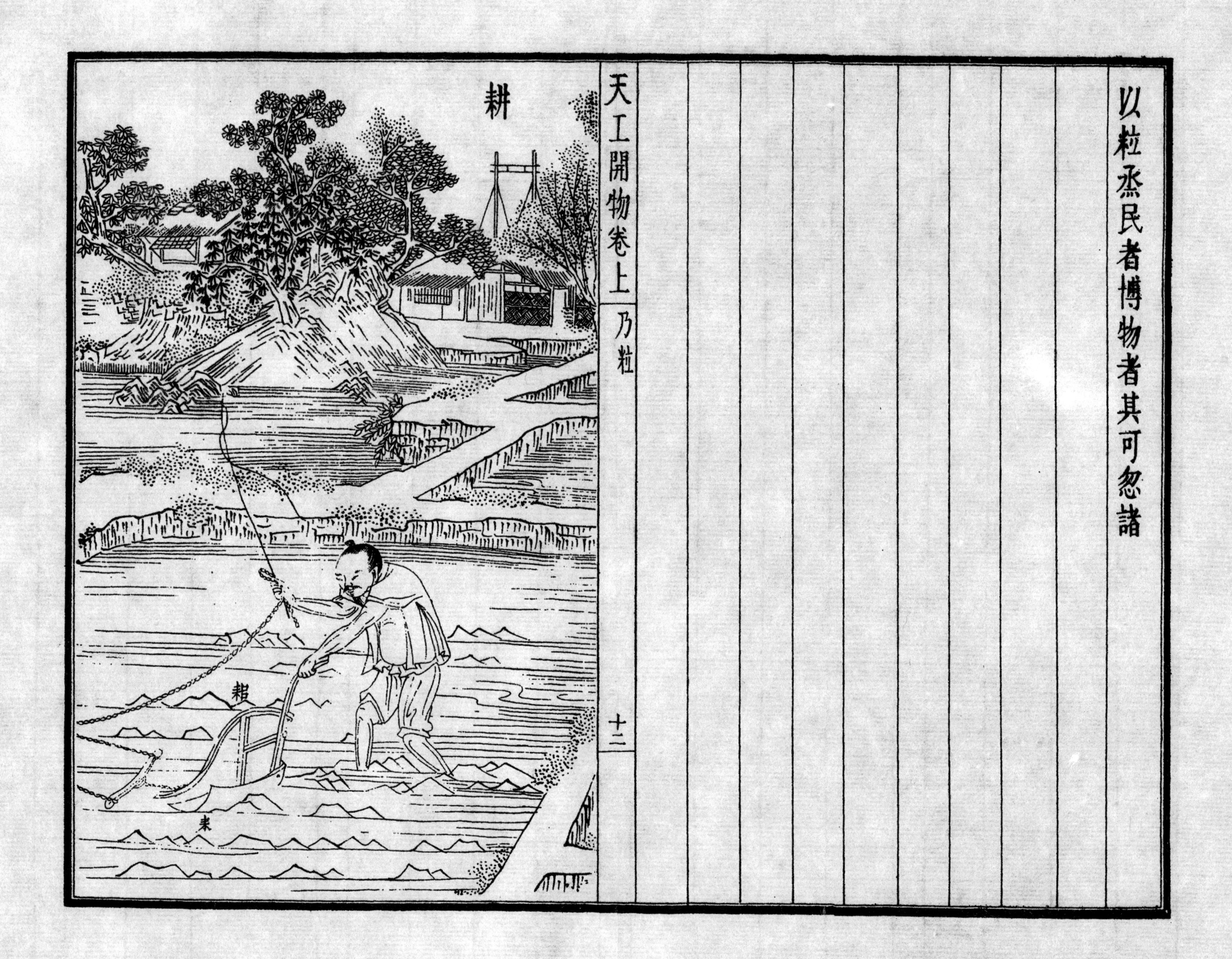

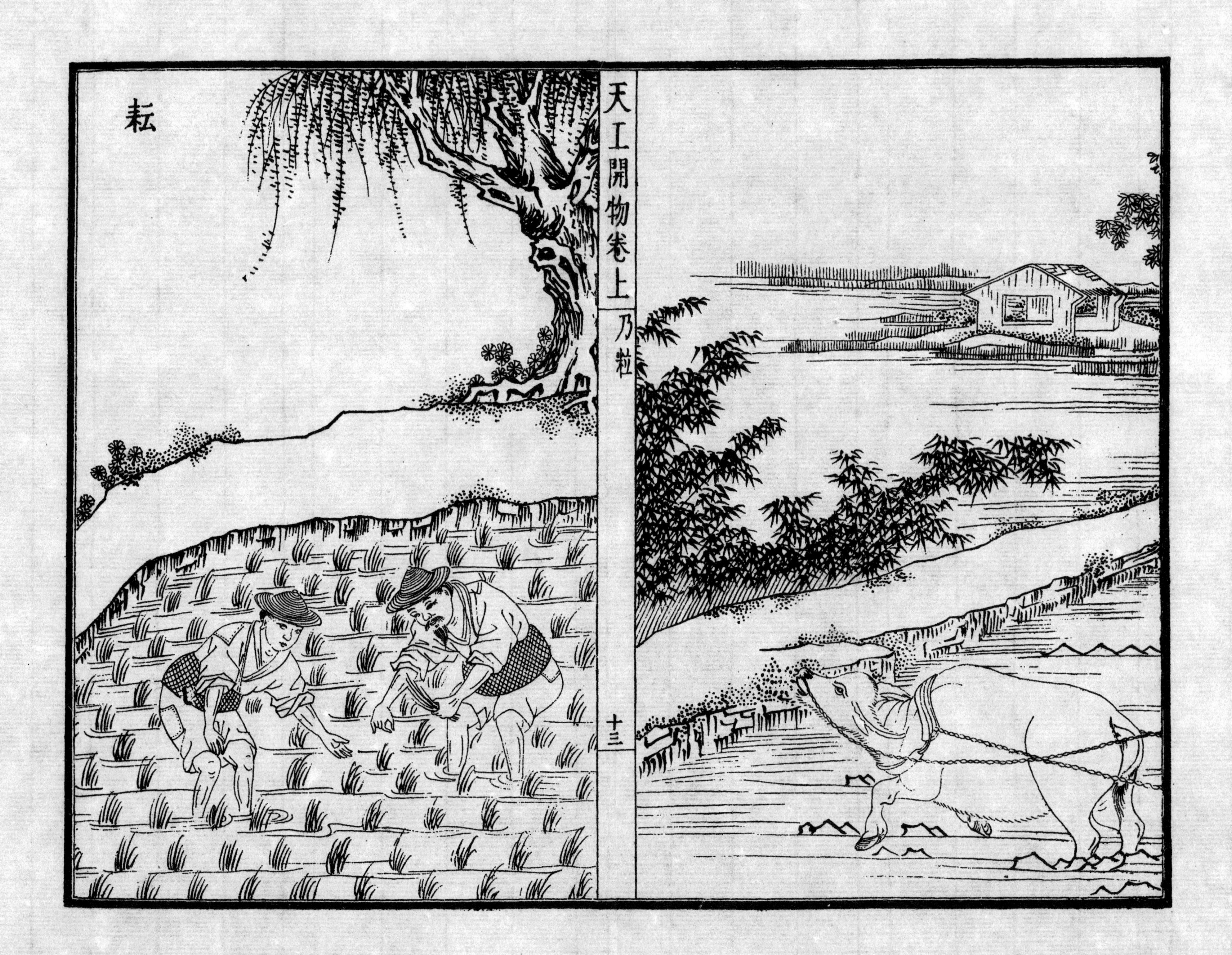
耘

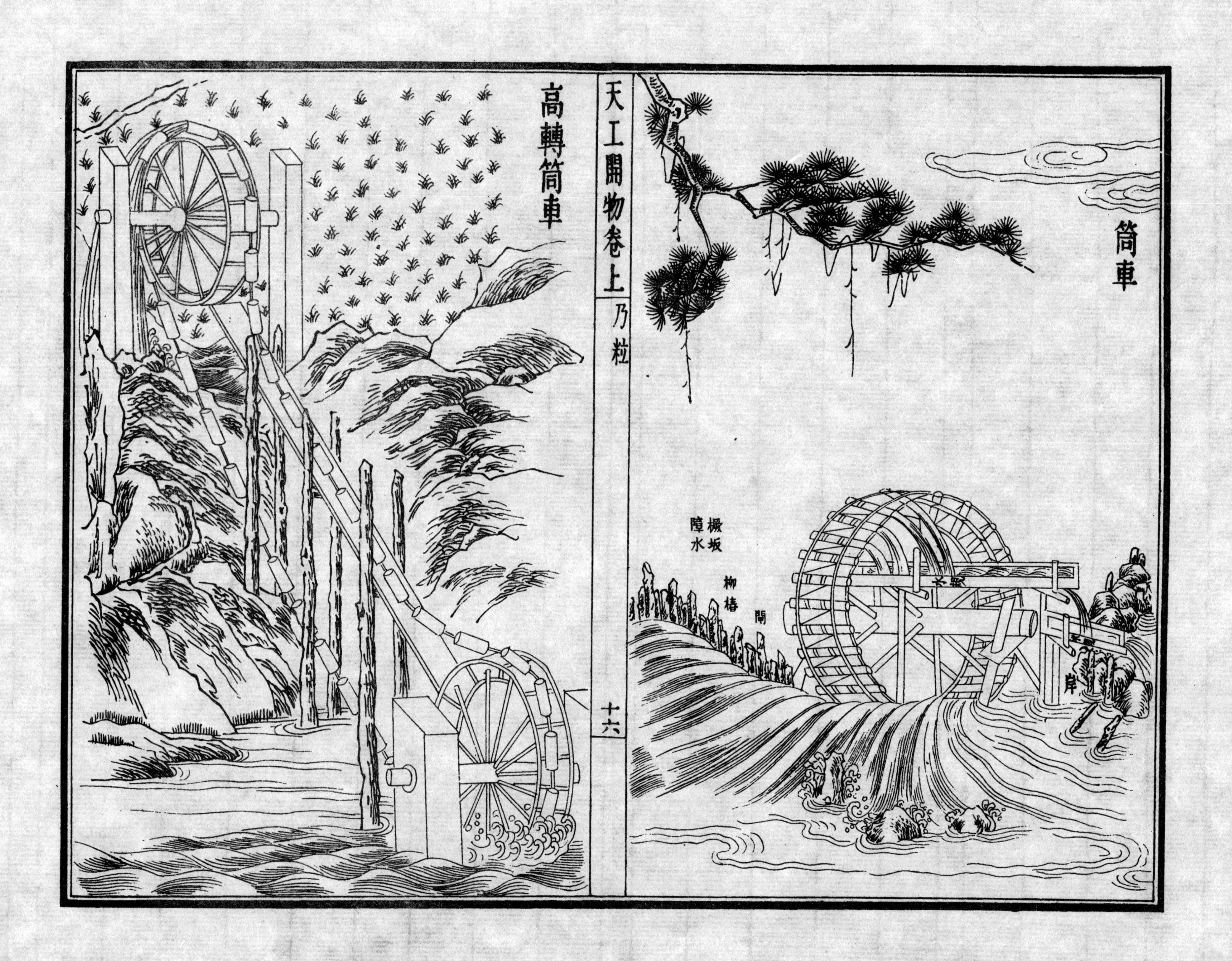
筒車
欄坂障水
柳椿
間
岸
高轉筒車

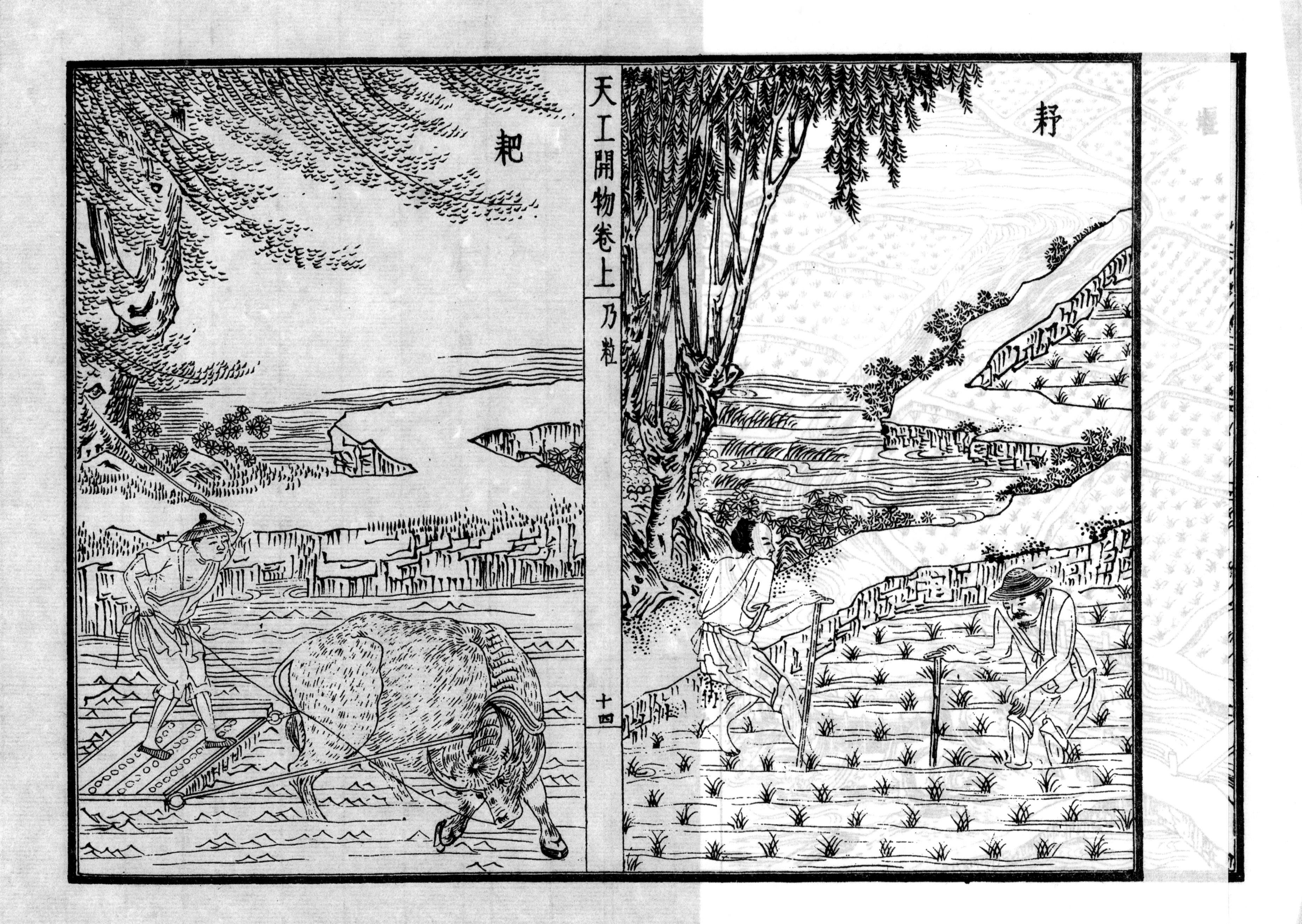
耔
天工開物卷上
乃粒
十四
耙

耔
耙

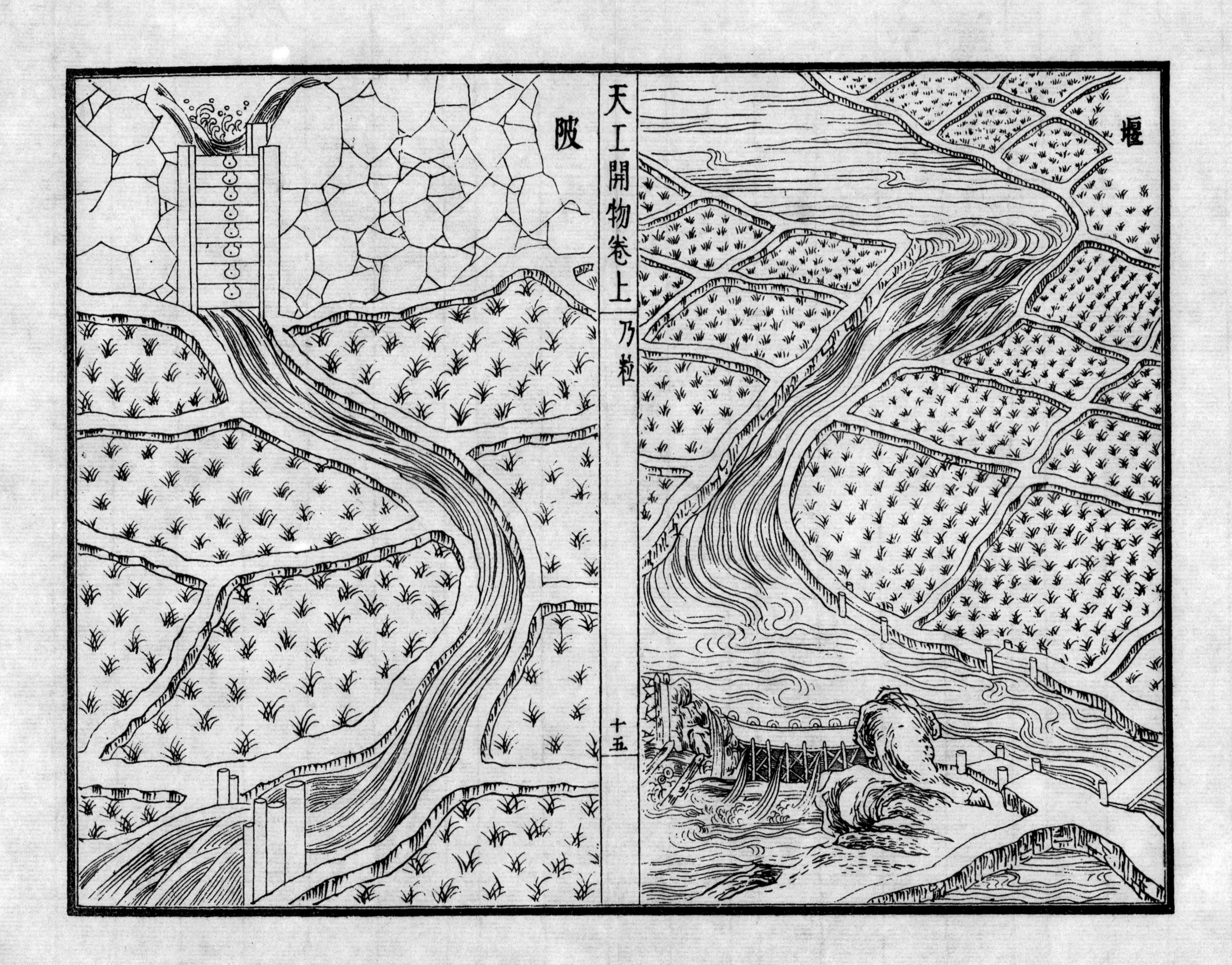
陂
堰

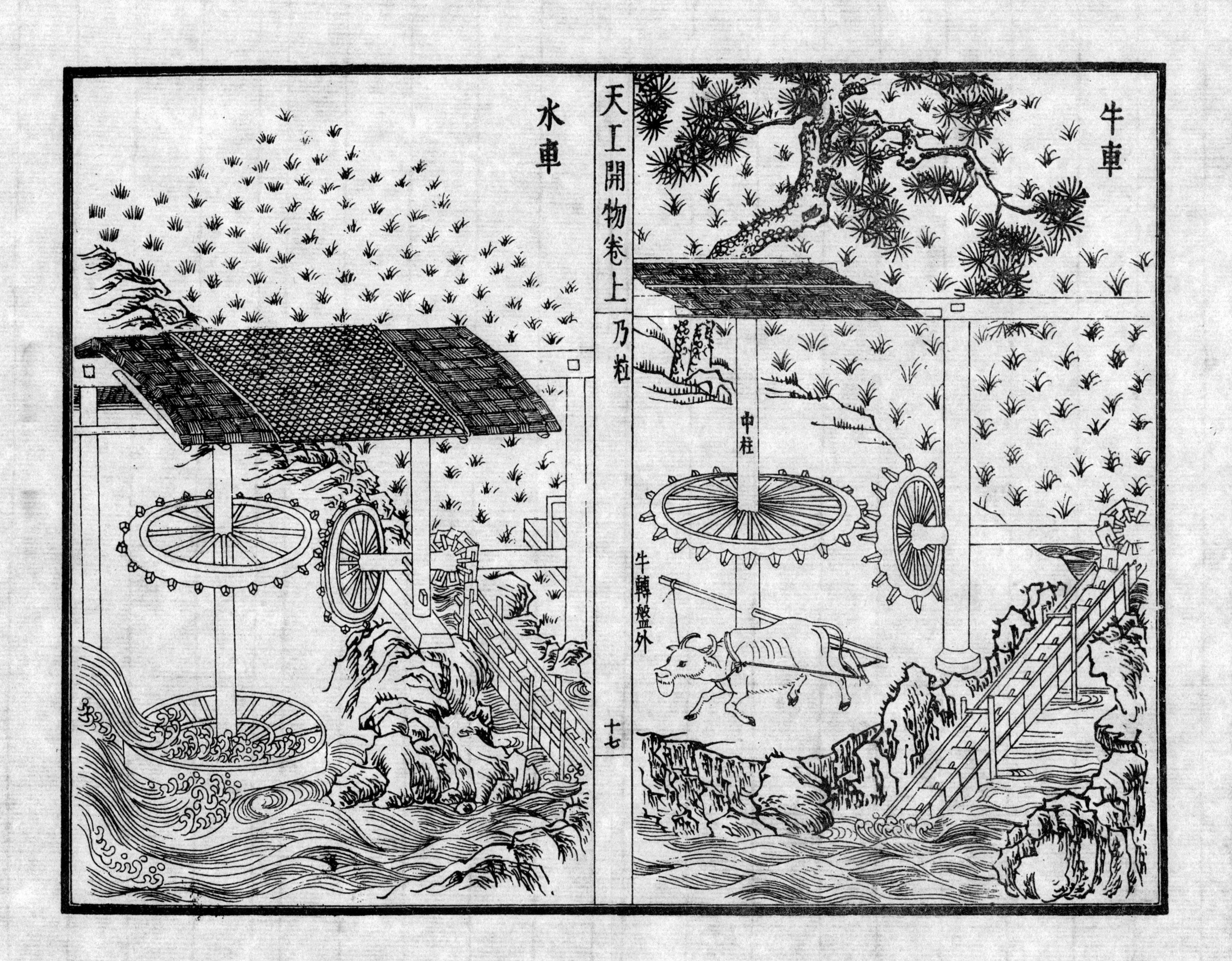
牛車
中柱
牛轉盤外
水車

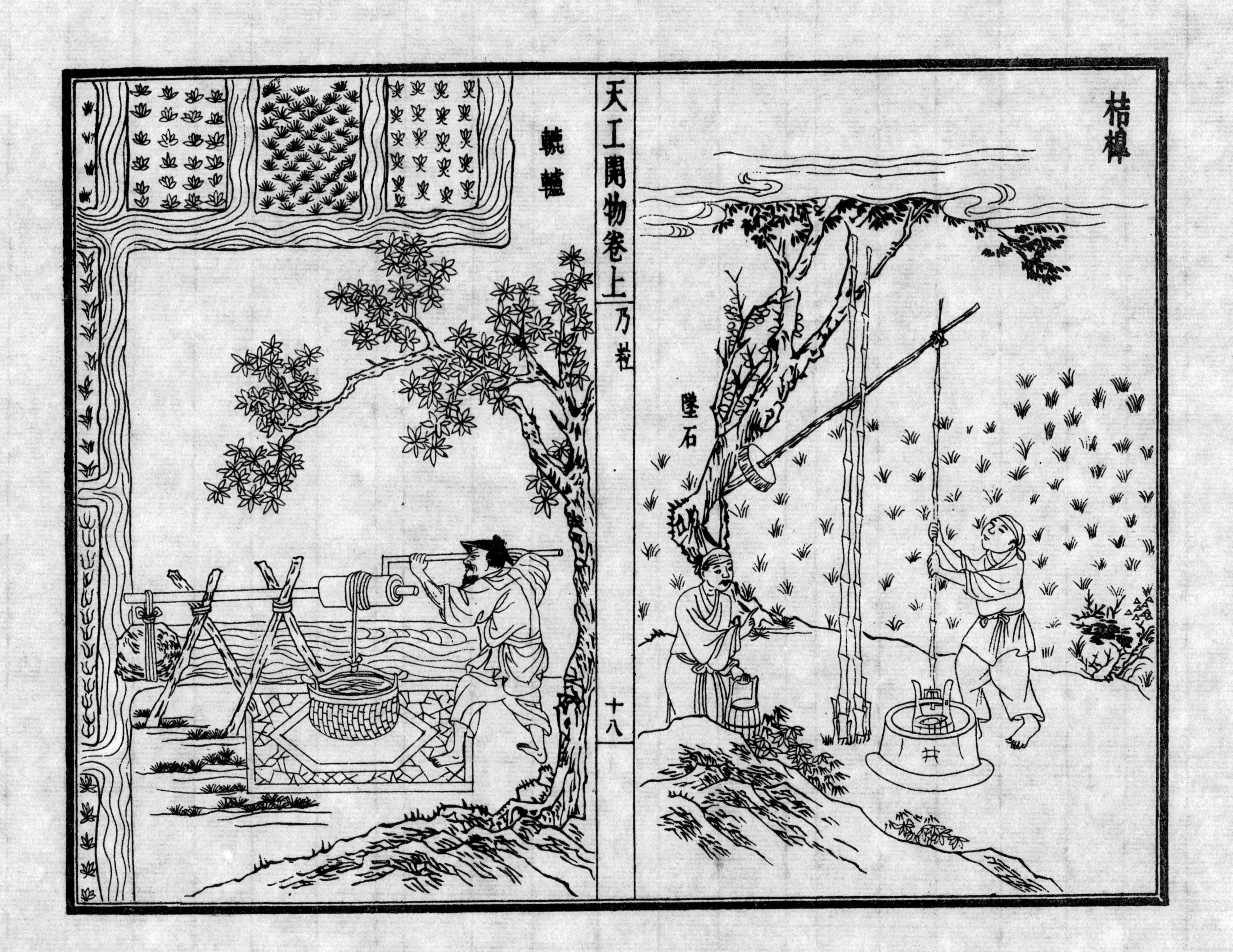

轆轤
桔槔
墜石
井

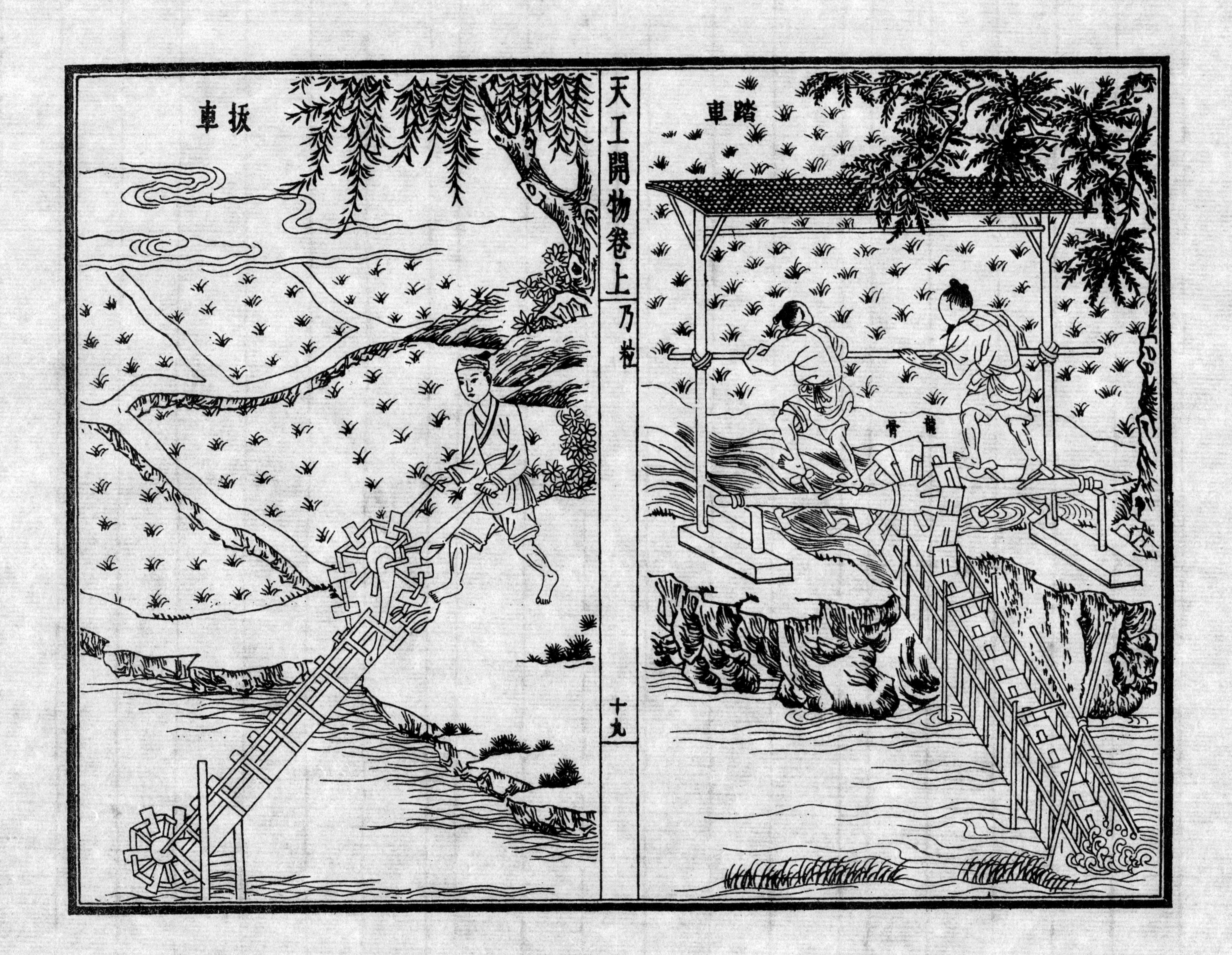
扳車
踏車
龍骨

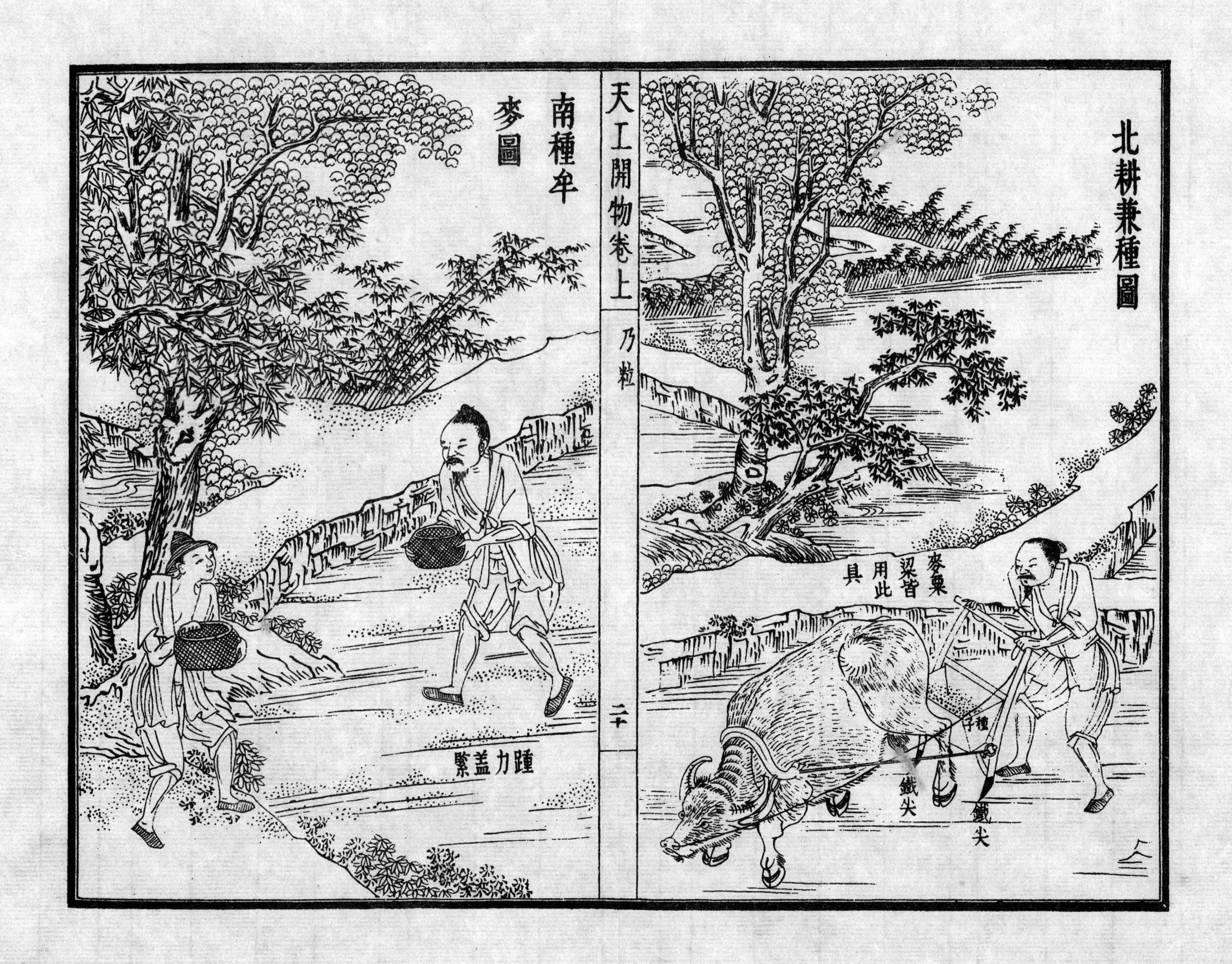
天工開物卷上
乃粒
二十
南種牟麥圖
踵力盖緊
北耕兼種圖
麥粟粱皆用此具
種子
鐵尖
鐵尖

北蓋種圖
石陀
耪

乃服第二

宋子曰人爲萬物之靈五官百體賅而存焉貴者垂衣裳煌煌山龍以治天下賤者短褐枲裳冬以禦寒夏以蔽體以自別于禽獸是故其質則造物之所具也屬草木者爲枲麻苘葛屬禽獸與昆蟲者爲裘褐絲綿各載其半而裳服充焉矣天孫機杼傳巧人間從本質而見花因繡濯而得錦乃杼柚徧天下而得見花機之巧者能幾人哉治亂經綸字義學者童而習之而終身不見其形像豈非缺憾也先列飼蠶之法以知絲源之所自蓋人物相麗貴賤有章天實爲之矣

蠶種

凡蛹變蠶蛾旬日破繭而出雌雄均等雌者伏而不動雄者兩翅飛撲遇雌即交交一日半日方解解脫之後雄者中枯而死雌者即時生卵承藉卵生者或紙或布隨方所用（嘉湖用桑皮厚紙來年尚可再用）一蛾計生卵二百餘粒自然黏于紙上粒粒勻鋪天然無一堆積蠶主收貯以待來年

蠶浴

凡蠶用浴法唯嘉湖兩郡湖多用天露石灰嘉多用鹽鹵水每蠶紙一張用鹽倉走出鹵水二升參水浸于盂內紙浮其面（石灰做此）逢臘月十二即浸浴至二十四日計十二日

周卽漉起用微火烘乾從此珍重箱匣中半點風濕不受直待清明抱產其天露浴者時日相同以篾盤盛紙攤開屋上四隅小石鎭壓任從霜雪風雨雷電滿十二日方收珍重待時如前法蓋低種經浴則自死不出不費葉故且得絲亦多也晚種不用浴

種忌

凡蠶紙用竹木四條爲方架高懸透風避日梁枋之上其下忌桐油煙煤火氣冬月忌雪映一映卽空遇大雪下時卽忙收貯明日雪過依然懸掛直待臘月浴藏

種類

凡蠶有早晚二種晚種每年先早種五六日出（川中者不同）結繭亦在先其繭較輕三分之一若早蠶結繭時彼已出蛾生卵以便再養矣（晚蛹戒不宜食）凡三樣浴種皆謹視原記如一錯誤或將天露者投鹽浴則盡空不出矣凡繭色唯黃白二種川陝晉豫有黃無白嘉湖有白無黃若將白雄配黃雌則其嗣變成褐繭黃絲以猪胰漂洗亦成白色但終不可染漂白桃紅二色凡繭形亦有數種晚繭結成亞腰葫盧樣天露繭尖長如榧子形又或圓扁如核桃形又一種不忌泥塗葉者名爲賤蠶得絲偏多凡蠶形亦有純白虎斑純黑花紋數種吐絲則同今寒家有將早雄配晚雌者

摘葉用繩懸掛透風簷下時振其繩待風吹乾若用手掌拍乾則葉焦而不滋潤他時絲亦枯色凡食葉眠前必令飽足而眠眠起卽遲半日上葉無妨也霧天濕葉甚壞蠶其晨有霧切勿摘葉待霧收時或晴或雨方剪伐也露珠水亦待盱乾而後剪摘

病症

凡蠶卵中受病已詳前款出後濕熱積壓妨忌在人初眠騰時用漆合者不可蓋掩逼出炁水凡蠶將病則腦上放光通身黃色頭漸大而尾漸小併及眠之時遊走不眠食葉又不多者皆病作也急擇而去之勿使敗羣凡蠶强美者必眠葉面壓在下者或力弱或性懶作繭亦薄其作繭不知收法妄吐絲成闊窩者乃蠢蠶非懶蠶也

老足

凡蠶食葉足候只爭時刻自卵出蚄多在辰巳二時故老足結繭亦多辰巳二時老足者喉下兩唊通明捉時嫩一分則絲少過老一分又吐去絲繭殼必薄捉者眼法高一隻不差方妙黑色蠶不見身中透光最難捉

結繭　山箔　具圖

凡結繭必如嘉湖方盡其法他國不知用火烘聽蠶結出甚至叢桿之內箱匣之中火不經風不透故所爲屯漳等

抵之

葉料

凡桑葉無土不生嘉湖用枝條垂壓今年視桑樹傍生條用竹鈎掛臥逐漸近地面至冬月則抛土壓之來春每節生根則剪開他栽其樹精華皆聚葉上不復生葚與開花矣欲葉便剪摘則樹至七八尺即斬截當頂葉則婆娑可扳伐不必乘梯緣木也其他用子種者立夏桑葚紫熟時取來用黃泥水搓洗併水澆于地面本秋即長尺餘來春移栽倘灌糞勤勞亦易長茂但間有生葚與開花者則葉最薄少耳又有花桑葉薄不堪用者其樹接過亦生厚葉也又有柘葉三種以濟桑葉之窮柘葉浙中不經見川中最多寒家用浙種桑葉窮時仍啖柘葉則物理一也凡琴弦弓弦絲用柘養蠶名曰棘繭謂最堅韌凡取葉必用剪鐵剪出嘉郡桐鄉者最犀利他鄉未得其利剪枝之法再生條次月葉愈茂取資既多人工復便凡再生條葉仲夏以養晚蠶則止摘葉而不剪條二葉摘後秋來三葉復茂浙人聽其經霜自落片片掃拾以飼綿羊大獲絨氊之利

食忌

凡蠶大眠以後徑食濕葉雨天摘來者任從鋪地加飡晴日摘來者以水灑濕而飼之則絲有光澤未大眠時雨天

㓜出嘉種一異也野蠶自爲繭出青州沂水等地樹老即自生其絲爲衣能禦雨及垢污其蛾出即能飛不傳種紙上他處亦有但稀少耳

抱養

凡淸明逝三日蠶妙即不偎衣衾煖氣自然生出蠶室宜向東南周圍用紙糊風隙上無棚板者宜頂格値寒冷則用炭火于室內助煖凡初乳蠶將桑葉切爲細條切葉不束稻麥藁爲之則不損刀摘葉用甕罈盛不欲風吹枯悴二眠以前騰筐方法皆用尖圓小竹快提過二眠以後則不用筯而手指可拈矣凡騰筐勤苦皆視人工怠于騰者

厚葉與糞濕蒸多致壓死凡眠齊時皆吐絲而後眠若騰過須將舊葉些微揀淨若黏帶絲纏葉在中眠起之時恐其即食一口則其病爲脹死三眠已過若天氣炎熱急宜搬出寬涼所亦忌風吹凡大眠後計上葉十二飡方騰太勤則絲糙

養忌

凡蠶畏香復畏臭若焚骨灰淘毛圊者順風吹來多致觸死隔壁煎鮑魚宿脂亦或觸死竈燒煤炭爐爇沉檀亦觸死懶婦便器摇動氣侵亦有損傷若風則偏忌西南西南風太勁則有合箔皆殭者凡臭氣觸來急燒殘桑葉煙以

絹豫蜀等紬皆易朽爛若嘉湖產絲成衣即入水浣濯百餘度其質尚存其法析竹編箔其下橫架料木約六尺高地下擺列炭火（炭忌爆炸）方圓去四五尺即列火一盆初上山時火分兩畧輕少引他成緒蠶戀火意即時造繭不復緣走繭緒既成即每盆加火半斤吐出絲來隨即乾燥所以經久不壞也其繭室不宜樓板遮蓋下欲火而上欲風涼也凡火頂上者不以爲種取種寧用火偏者其箔上山用麥稻藁斬齊隨手糾捩成山頓插箔上做山之人最宜手健箔竹稀疏用短藁畧鋪灑妨蠶跌墜地下與火中也

取繭

凡繭造三日則下箔而取之其殼外浮絲一名絲匡者湖郡老婦賤價買去（每斤百文）用銅錢墜打成線織成湖紬去浮之後其繭必用大盤攤開架上以聽治絲擴綿若用廚箱掩蓋則浥鬱而絲緒斷絕矣

物害

凡害蠶者有雀鼠蚊三種雀害不及繭蚊害不及早蠶鼠害則與之相終始防驅之智是不一法唯人所行也（雀屎黏葉蠶食之立刻死爛）

擇繭

凡取絲必用圓正獨蠶繭則緒不亂若雙繭併四五蠶共

爲繭擇去取綿用或以爲絲則麤甚

造綿

凡雙繭并繅絲鍋底零餘併出種繭殼皆緒斷亂不可爲絲用以取綿用稻灰水煑過（不宜石灰）傾入清水盆內手大指去甲淨盡指頭頂開四箇四四數足用拳頂開又四四十六拳數然後上小竹弓此莊子所謂洴澼絖也湖綿獨白淨清化者總緣手法之妙上弓之時惟取快捷帶水擴開若稍緩水流去則結塊不盡解而色不純白矣其治絲餘者名鍋底綿裝綿衣衾內以禦重寒謂之挾纊凡取綿人工難于取絲八倍竟日只得四兩餘用此綿墜打線織湖

紬者價頗重以綿線登花機者名曰花綿價尤重

治絲 繅車 具圖

凡治絲先製絲車其尺寸器具開載後圖鍋煎極沸湯絲麤細視投繭多寡窮日之力一人可取三十兩若包頭絲則只取二十兩以其苗長也凡綾羅絲一起投繭二十枚包頭絲只投十餘枚凡繭滾沸時以竹簽撥動水面絲緒自見提緒入手引入竹針眼先繞星丁頭（以竹棍做成如香筒樣）然後由送絲竿勾掛以登大關車斷絕之時尋緒丟上不必繞接其絲排勻不堆積者全在送絲竿與磨木之上川蜀絲車制稍異其法架橫鍋上引四五緒而上兩人對尋鍋

中緒然終不若湖制之盡善也凡供治絲薪取極燥無煙濕者則寶色不損絲美之法有六字一日出口乾即結繭時用炭火烘一日出水乾則治絲登車時用炭火四五兩盆盛去車關五寸許運轉如風轉時轉轉火意照乾是日出水乾也若晴光又風色則不用火

調絲

凡絲議織時最先用調透光簷端宇下以木架鋪地植竹四根于上名曰絡篤絲匡竹上其傍倚柱高八尺處釘具斜安小竹偃月挂鉤懸搭絲于鉤內手中執籰旋纏以俟牵經織緯之用小竹墜石爲活頭接斷之時扱之即下

緯絡

紡車 具圖

凡絲既籰之後以就經緯經質用少而緯質用多每絲十兩經四緯六此大畧也凡供緯籰以水沃濕絲搖車轉鋌而紡于竹管之上竹用小箭竹

經具

溜眼 掌扇 經耙 印架 皆具圖

凡絲既籰之後牵經就織以直竹竿穿眼三十餘透過篾圈名曰溜眼竿横架柱上絲從圈透過掌扇然後纏繞經耙之上度數既足將印架綑卷既綑中以交竹二度一上一下間絲然後扱于筬內此筬非織筬扱筬之後然的杠與印架相望登開五七丈或過糊者就此過糊或不過糊就此

卷于的杠穿綜就織

過糊

凡糊用麪觔內小粉爲質紗羅所必用綾紬或用或不用其染紗不存素質者用牛膠水爲之名曰清膠紗糊漿承于筬上推移染透推移就乾天氣晴明頃刻而燥陰天必藉風力之吹也

邊維

凡帛不論綾羅皆別牽邊兩傍各二十餘縷邊縷必過糊用筬推移梳乾凡綾羅必三十丈五六十丈一穿以省穿接繁苦每疋應截畫墨于邊絲之上即知其丈尺之足邊

絲不登的杠別繞機梁之上

經數

凡織帛羅紗筬以八百齒爲率綾絹筬以一千二百齒爲率每筬齒中度經過糊者四縷合爲二縷羅紗經計三千二百縷綾紬經計五千六千縷古書八十縷爲一升今綾絹厚者古所謂六十升布也凡織花文必用嘉湖出口出水皆乾絲爲經則任從提挈不憂斷接他省者即勉强提花潦草而已

花機式 具全圖

凡花機通身度長一丈六尺隆起花樓中托衢盤下垂衢

脚水磨竹棍爲之計一千八百根對花樓下掘坑二尺許以藏衢脚地氣濕者架棚二尺代之提花小廝坐立花樓架木上機末以的杠卷絲中用疊助木兩枝直穿二木約四尺長其尖插於箆兩頭疊助織紗羅者視織綾絹者減輕十餘觔方妙其素羅不起花紋與軟紗綾絹踏成浪梅小花者視素羅只加桄二扇一人踏織自成不用提花之人閒住花樓亦不設衢盤與衢脚也其機式兩接前一接平安自花樓向身一接斜倚低下尺許則疊助力雄若織包頭細軟則另爲均平不斜之機坐處鬬二脚以其絲微細防遏疊助之力也

腰機式 具圖

凡織杭西羅地等絹輕素等紬銀條巾帽等紗不必用花機只用小機織匠以熟皮一方寘坐下其力全在腰尻之上故名腰機普天織葛苧棉布者用此機法布帛更整齊堅澤惜今傳之猶未廣也

結花本

凡工匠結花本者心計最精巧畫師先畫何等花色于紙上結本者以絲線隨畫量度算計分寸杪忽而結成之張懸花樓之上卽織者不知成何花色穿綜帶經隨其尺寸度數提起衢脚梭過之後居然花現蓋綾絹以浮輕而見花紗羅以糾緯而見花綾絹一梭一提紗羅來梭提往梭

不提天孫機杼人巧備矣

穿經

凡絲穿綜度經必用四人列坐過筬之人手執筬耙先插以待絲至絲過筬則兩指執定足五七十筬則緐結之不亂之妙消息全在交竹卽接斷就絲一扯卽長數寸打結之後依還原度此絲本質自具之妙也

分名

凡羅中空小路以透風涼其消息全在軟綜之中衮頭兩扇打綜一軟一硬凡五梭三梭（最厚者七梭）之後踏起軟綜自然糾轉諸經空路不黏若平過不空路而仍稀者曰紗消

息亦在兩扇衮頭之上直至織花綾紬則去此兩扇而用桄綜八扇凡左右手各用一梭交互織者曰縐紗凡單經曰羅地雙經曰絹地五經曰綾地凡花分實地與綾地綾地者光實地者暗先染絲而後織者曰緞（北土屯絹亦先染絲）就絲紬機上織時兩梭輕一梭重空出稀路者名曰秋羅此法亦起近代凡吳越秋羅閩廣懷素皆利搢紳當暑服屯絹則爲外官卑官遜別錦繡用也

熟練

凡帛織就猶是生絲煑練方熟練用稻藁灰入水煑以猪胰脂陳宿一晚入湯浣之寶色燁然或用烏梅者寶色略

減凡早絲爲經晩絲爲緯者練熟之時每十兩輕去三兩經緯皆美好早絲輕化只二兩練後日乾張急以大蚌殼磨使乖鈍通身極力刮過以成寶色

龍袍

凡上供龍袍我朝局在蘇杭其花樓高一丈五尺能手兩人扳提花本織過數寸即換龍形各房鬬合不出一手赭黃亦先染絲工器原無殊異但人工慎重與資本皆數十倍以效忠敬之誼其中節目微細不可得而詳考云

倭緞

凡倭緞制起東夷漳泉海濱效法爲之絲質來自川蜀商人萬里販來以易胡椒歸里其織法亦自夷國傳來蓋質已先染而斮綿夾藏經面織過數寸即刮成黑光北虜互市者見而悅之但其帛最易朽污冠弁之上頃刻集灰衣領之間移日損壞今華夷皆賤之將來爲棄物織法可不傳云

布衣 赶 彈 紡 具圖

凡棉布禦寒貴賤同之棉花古書名枲麻種徧天下種有木棉草棉兩者花有白紫二色種者白居十九紫居十一凡棉春種秋花花先綻者逐日摘取取不一時其花黏子于腹登赶車而分之去子取花懸弓彈化（爲挾纊溫衾襖者就此止功）

彈後以木板擦成長條以登紡車引緒糾成紗縷然後繞籰牽經就織凡紡工能者一手握三管紡于鋌上（捷則不堅）凡棉布寸土皆有而織造尚松江漿染尚蕪湖凡布縷緊則堅緩則脆碾石取江北性冷質膩者（每塊佳者值十餘金）石不發燒則縷緊不鬆泛蕪湖巨店首尚佳石廣南爲布藪而偏取遠產必有所試矣爲衣敝浣猶尚寒砧擣聲其義亦猶是也外國朝鮮造法相同惟西洋則未覈其質併不得其機織之妙凡織布有雲花斜文象眼等皆倣花機而生義然既曰布衣太素足矣織機十室必有不必具圖

枲著

凡衣衾挾纊禦寒百人之中止一人用繭綿餘皆枲著古縕袍今俗名胖襖棉花既彈化相衣衾格式而入裝之新裝者附體輕煖經年板緊煖氣漸無取出彈化而重裝之其煖如故

夏服

凡苧麻無土不生其種植有撒子分頭兩法（池郡每歲以草糞壓頭其根隨土而高廣南青麻撒子種田茂甚）色有青黃兩樣每歲有兩刈者有三刈者績爲當暑衣裳帷帳凡苧皮剝取後喜日燥乾見水即爛破析時則以水浸之然只耐二十刻久而不析則亦爛苧質本淡黃漂工化成至白色（先用稻灰石灰水煑過入長流水再漂再曬以

成白至紡苧紗能者用脚車一女工併敵三工惟破析時窮日之力只得三五銖重織苧機具與織棉者同凡布衣縫線革履串繩其質必用苧糾合凡葛蔓生質長于苧數尺破析至細者成布貴重又有苘麻一種成布甚麤最麤者以充喪服卽苧布有極麤者漆家以盛布灰大內以充火炬又有蕉紗乃閩中取芭蕉皮析緝爲之輕細之甚値賤而質楞不可爲衣也

裘

凡取獸皮製服統名曰裘貴至貂狐賤至羊麂値分百等貂產遼東外徼建州地及朝鮮國其鼠好食松子夷人夜伺樹下屏息悄聲而射取之一貂之皮方不盈尺積六十餘貂僅成一裘服貂裘者立風雪中更煖于宇下眯入目中拭之卽出所以貴也色有三種一白者曰銀貂一純黑一黯黃（黑而毛長者近値一帽套已五十金）凡狐貉亦產燕齊遼汴諸道純白狐腋裘價與貂相做黃褐狐裘値貂五分之一禦寒溫體功用次于貂凡關外狐取毛見底靑黑中國者吹開見白色以此分優劣羊皮裘母賤子貴在腹者名曰胞羔（毛文畧具）初生者名曰乳羔（皮上毛似耳環脚）三月者曰跑羔七月者曰走羔（毛文漸直）胞羔乳羔爲裘不羶古者羔裘爲大夫之服今西北搢紳亦貴重之其老大羊皮硝熟爲裘裘質癡重則

賤者之服耳。然此皆綿羊所爲。若南方短毛革，硝其鞟如紙薄，止供畫燈之用而已。服羊裘者，腥羶之氣習久而俱化，南方不習者不堪也。然寒凉漸殺，亦無所用之。麂皮去毛，硝熟爲襖褲，禦風便體，襪靴更佳。此物廣南繁生外，中土則積集聚楚中，望華山爲市皮之所。麂皮且禦蝎患，北人製衣而外，割條以緣衾邊，則蝎自遠去。虎豹至文，將軍用以彰身；犬豕至賤，役夫用以適足。西戎尚獺皮，以爲毳衣領飾。襄黃之人窮山越國射取，而遠貨得重價焉。殊方異物如金絲猿，上用爲帽套；扯里猻，御服以爲袍，皆非中華物也。獸皮衣人，此其大略，方物則不可殫述。飛禽之中有取鷹腹雁脅毳毛，殺生盈萬乃得一裘，名天鵞絨者，將焉用之？

褐　氈

凡綿羊有二種，一曰蓑衣羊，剪其毳爲氈爲絨片，帽襪徧天下，胥此出焉。古者西域羊未入中國，作褐爲賤者服，亦以其毛爲之。褐有麤而無精，今日麤褐亦間出此羊之身。此種自徐淮以北州郡無不繁生。南方唯湖郡飼畜綿羊，一歲三剪毛（夏季稀革不生）。每羊一隻，歲得絨襪料三雙。生羔牝牡合數得二羔，故北方家畜綿羊百隻，則歲入計百金云。

一種矞芀羊（番語），唐末始自西域傳來，外毛不甚蓑長，內毳細軟取織絨褐秦人名曰山羊以別于綿羊此種先自西域傳入臨洮今蘭州獨盛故褐之細者皆出蘭州一曰蘭絨番語謂之孤古絨從其初號也山羊毳絨亦分兩等一曰搊絨用梳櫛搊下打線織帛曰褐子把子諸名色一曰拔絨乃毳毛精細者以兩指甲逐莖撏下打線織絨褐此褐織成揩面如絲帛滑膩每人窮日之力打線只得一錢重費半載工夫方成匹帛之料若搊絨打線日多拔絨數倍凡打褐絨線治鉛爲錘墜于緒端兩手宛轉搓成凡織絨褐機大于布機用綜八扇穿經度縷下施四踏輪踏起經隔二抛緯故織出文成斜現其梭長一尺二寸機織羊種皆彼時歸夷傳來（名姓再詳）故至今織工皆其族類中國無典也凡綿羊剪毳麤者爲氈細者爲絨氈皆煎燒沸湯投于其中搓洗俟其黏合以木板定物式鋪絨其上運軸赶成凡氈絨白黑爲本色其餘皆染色其氍毹氆氌等名稱皆華夷各方語所命若最麤而爲毯者則駑馬諸料雜錯而成非專取料于羊也

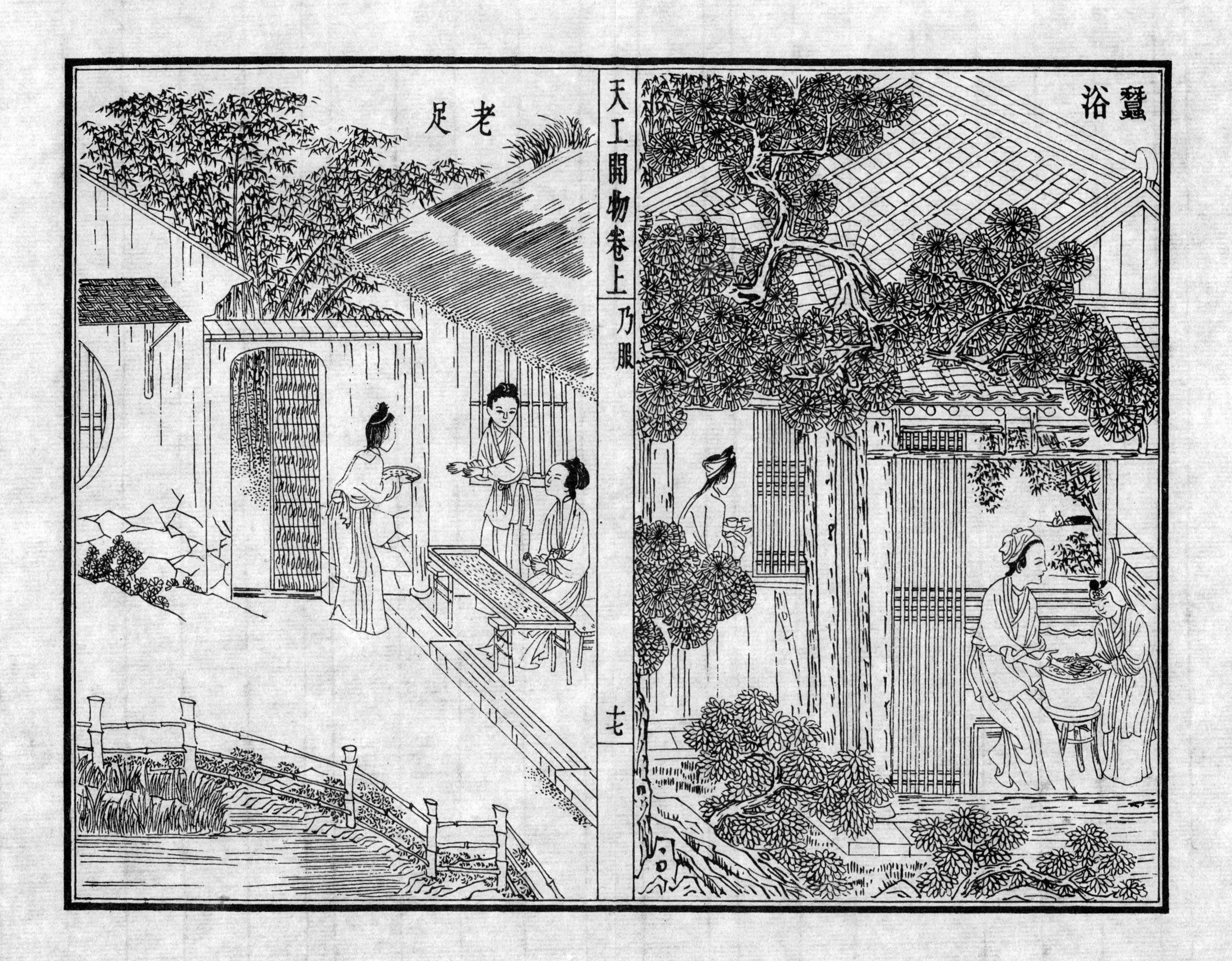
蠶浴
天工開物卷上
乃服
七
老足

山箔
取繭

擇繭
治絲一

天工開物卷上
乃服
二十
治絲二
星丁頭
送絲竿

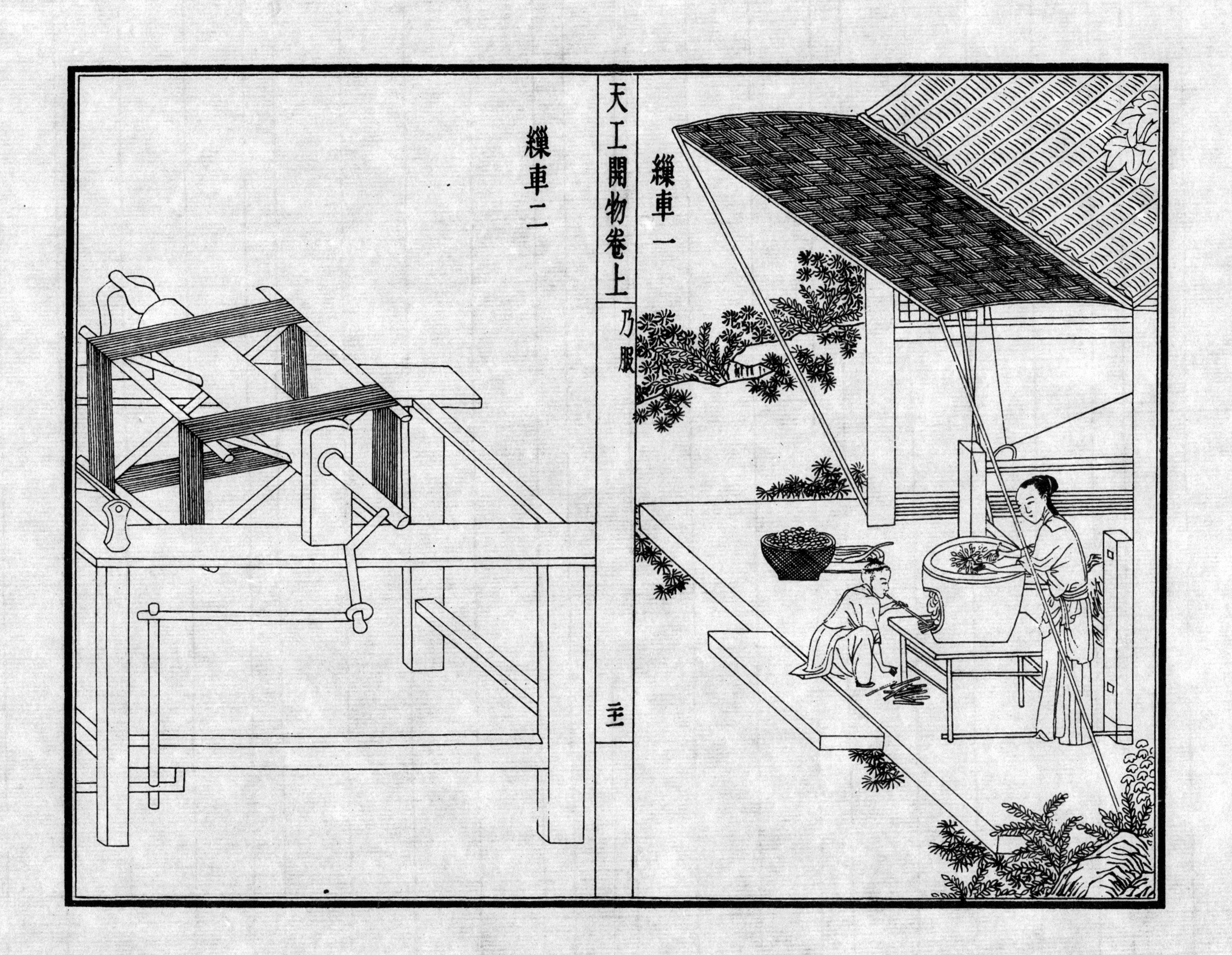
繅車一
繅車二

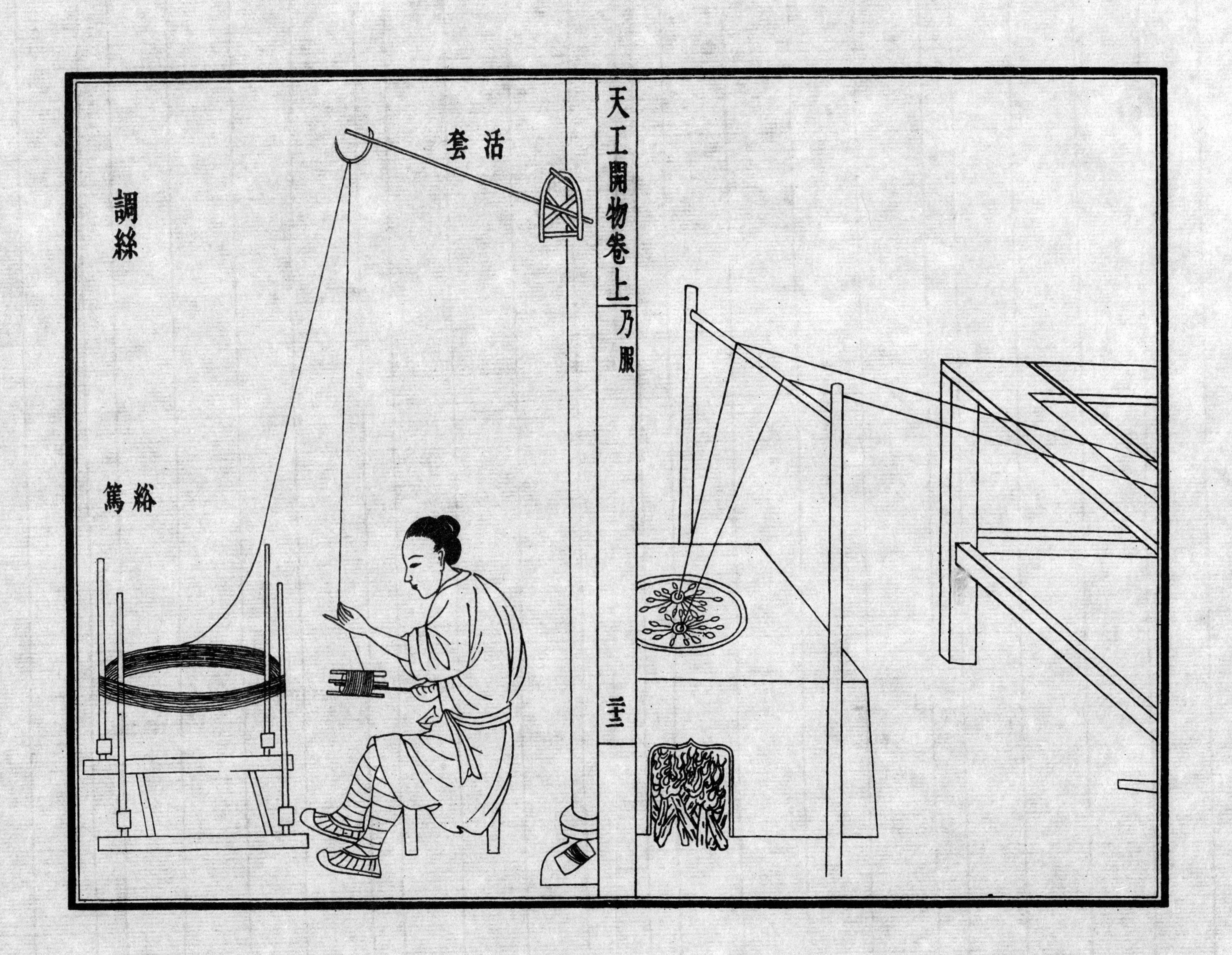
調絲
活套
絡篤

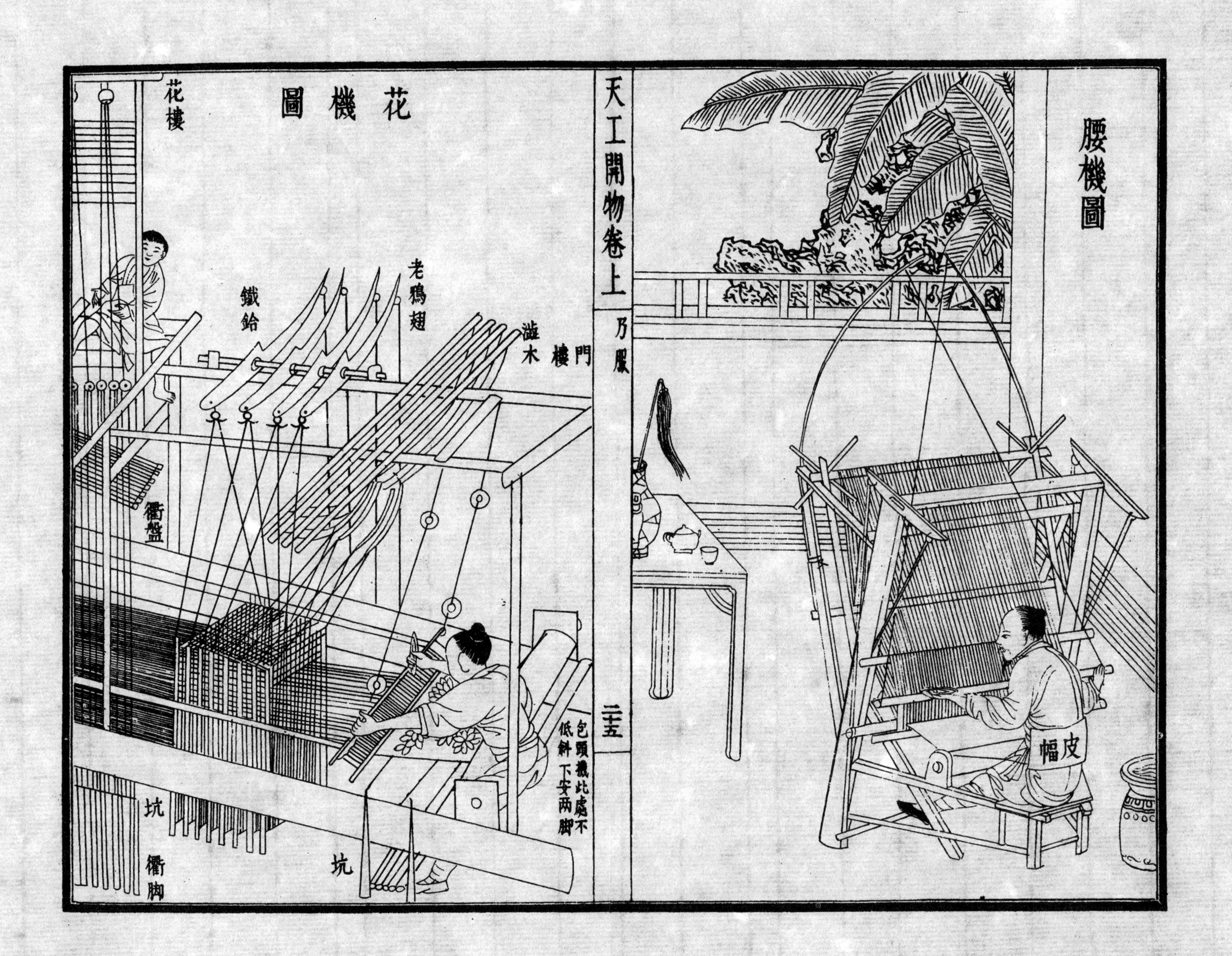
花機圖
花樓
鐵鈴
老鴉翅
門樓
涩木
衢盤
坑
衢脚
坑
包頭機此處不
低斜下安兩脚
腰機圖
皮幅

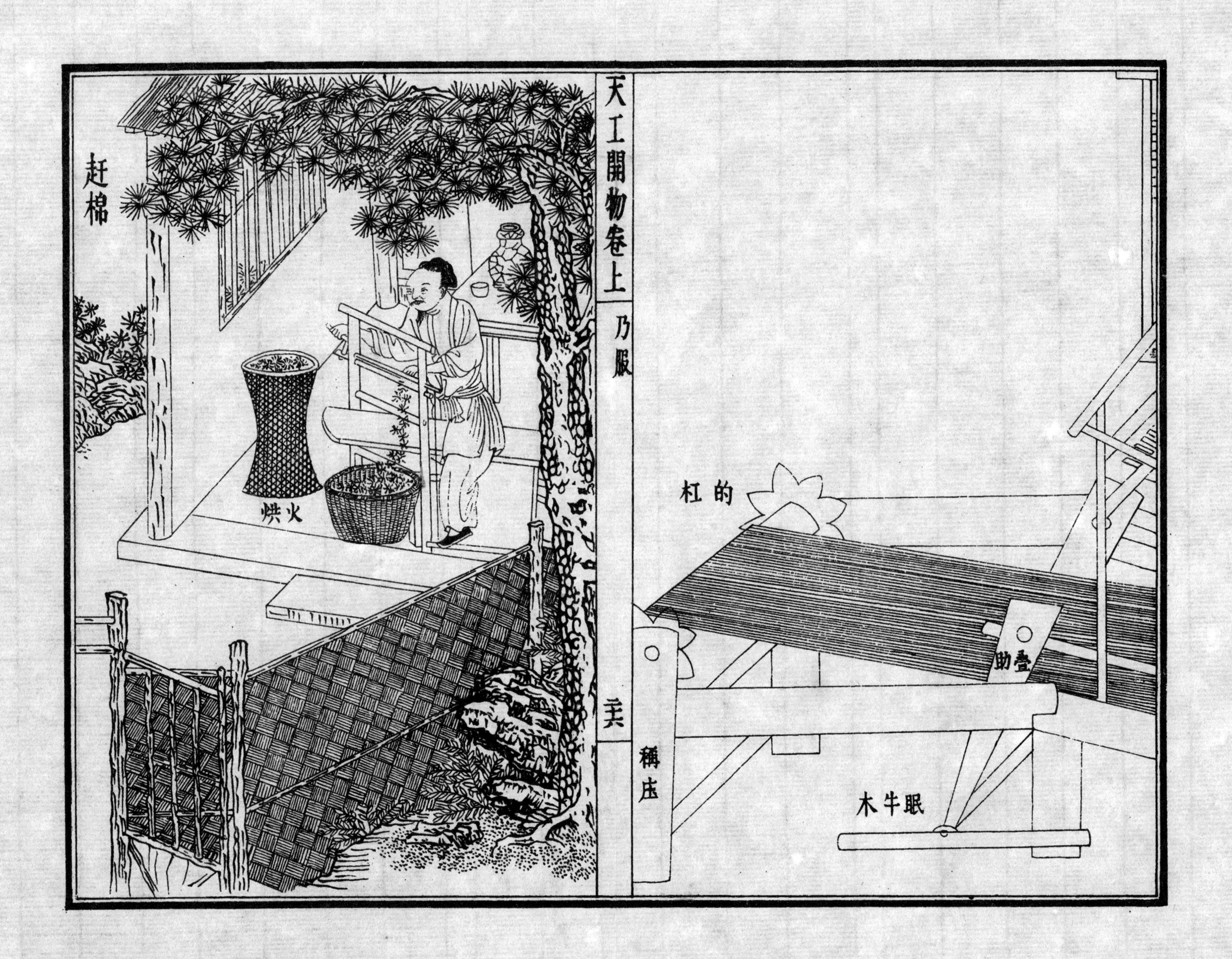

赶棉
火烘
天工開物卷上
乃服
三十六
的杠
叠助
稱压
眼牛木

擦條
天工開物卷上
乃服
二十七
彈棉

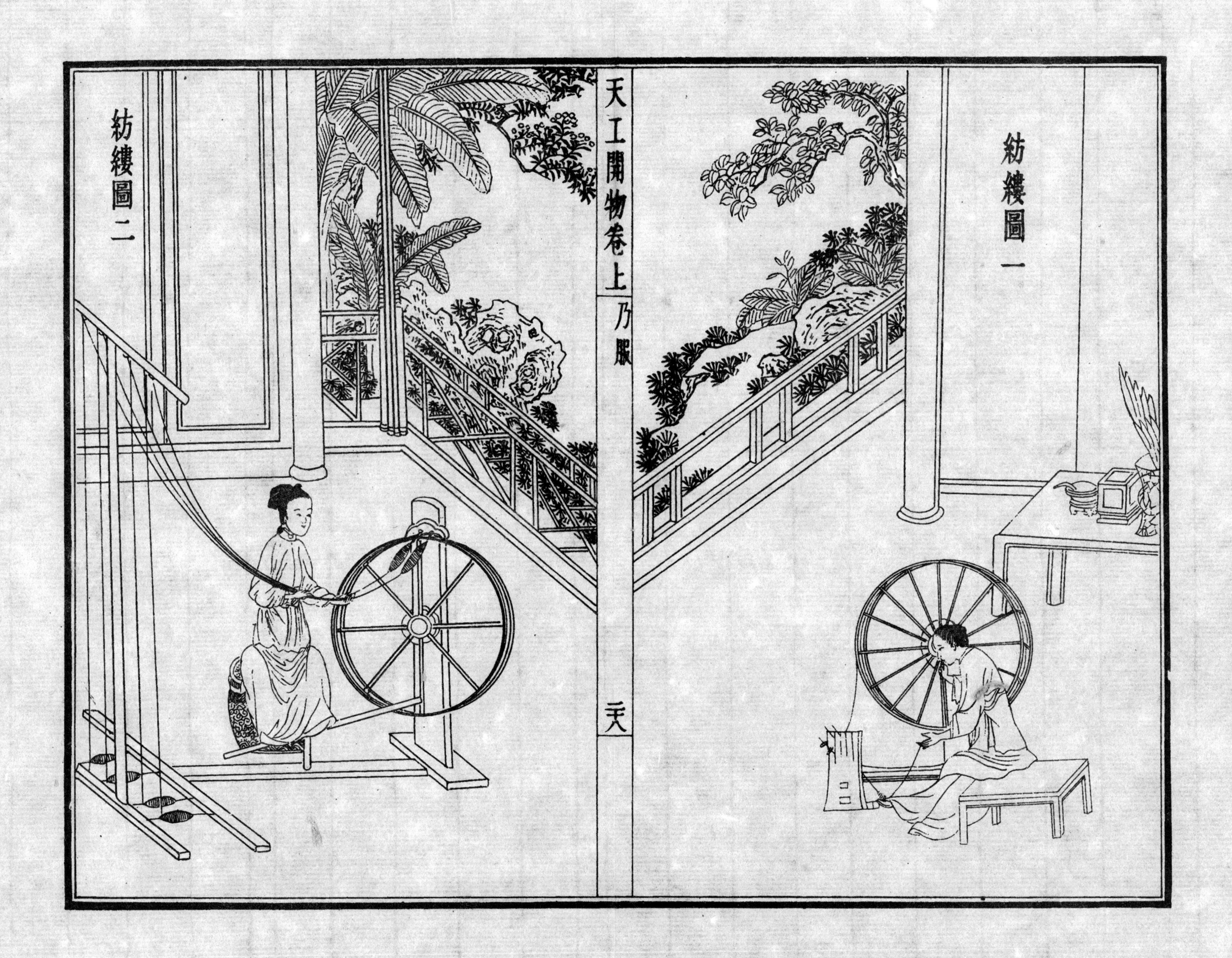
紡縷圖一
紡縷圖二

彰施第三

宋子曰霄漢之間雲霞異色閻浮之內花葉殊形天垂象而聖人則之以五彩彰施于五色有虞氏豈無所用其心哉飛禽衆而鳳則丹走獸盈而麟則碧夫林林青衣望闕而拜黃朱也其義亦猶是矣老子曰甘受和白受采世間絲麻裘褐皆具素質而使殊顏異色得以尚焉謂造物不勞心者吾不信也

諸色質料

大紅色其質紅花餅一味用烏梅水煎出又用鹼水澄數次或稻稾灰代鹼功用亦同澄得多次色則鮮甚染房討便宜者先染蘆木打腳凡紅花最忌沉麝袍服與衣香共收旬月之間其色即毀凡紅花染帛之後若欲退轉但浸濕所染帛以鹼水稻灰水滴上數十點其紅一毫收轉仍還原質所收之水藏于綠豆粉內放出染紅半滴不耗染家以爲祕訣不以告人　蓮紅桃紅色銀紅水紅色以上質亦紅花餅一味淺深分兩加減而成是四色皆非黃繭絲所可爲必用白絲方現　木紅色用蘇木煎水入明礬棓子　紫色蘇木爲地青礬尚之　赭黃色制未詳　鵞黃色黃蘗煎水染靛水蓋上　金黃色蘆木煎水染復用麻稾灰淋鹼水漂　茶褐色蓮子殼煎水染復用青礬水蓋　大紅官綠色槐花煎水染藍澱蓋淺深皆用明礬　豆綠色黃蘗水染靛水蓋今用小葉莧藍煎水蓋者名草豆綠色甚鮮　油綠色槐花薄染青礬蓋　天青色入靛缸淺染蘇木水蓋　蒲萄青色入靛缸深染蘇木水深蓋　蛋青色黃蘗水染然後入靛缸　翠藍天藍二色俱靛水分深淺　玄色靛水染深青蘆木楊梅皮等分煎水蓋又一法將藍芽葉水浸然後下青礬棓子同浸令布帛易朽　月白草白二色俱靛水微染今法用莧藍煎水半生半熟染　象牙色蘆木煎水薄染或用黃土　藕褐色蘇木水薄染入蓮子殼青

礬水薄蓋

附染包頭青色此黑不出藍靛用栗殼或蓮子殼煎煮一日漉起然後入鐵砂皂礬鍋內再煮一宵卽成深黑色

附染毛青布色法布青初尚蕪湖千百年矣以其漿碾成青光邊方外國皆貴重之人情久則生厭毛青乃出近代其法取松江美布染成深青不復漿碾吹乾用膠水參豆漿水一過先蓄好靛名曰標缸入內薄染卽起紅焰之色隱然此布一時重用

藍澱

凡藍五種皆可爲澱茶藍卽菘藍插根活蓼藍馬藍吳藍等皆撒子生近又出蓼藍小葉者俗名莧藍種更佳凡種茶藍法冬月割穫將葉片片削下入窖造澱其身斬去上下近根留數寸薰乾埋藏土內春月燒淨山土使極肥鬆然後用錐鋤其鋤勾未向身長八寸許刺土打斜眼插入于內自然活

根生葉其餘藍皆收子撒種畦圃中暮春生苗六月採實七月刈身造澱凡造澱葉與莖多者入窖少者入桶與缸水浸七日其汁自來每水漿一石下石灰五升攪衝數十下澱信卽結水性定時澱沉于底近來出產閩人種山皆茶藍其數倍于諸藍山中結箬簍輸入舟航其掠出浮沫曬乾者曰靛花凡靛入缸必用稻灰水先和每日手執竹棍攪動不可計數其最佳者曰標缸

紅花

紅花場圃撒子種二月初下種若太早種者苗高尺許卽生蟲如黑蟻食根立斃凡種地肥者苗高二三尺每路打

撅縛繩橫闌以備狂風拗折若瘦地尺五以下者不必爲之紅花入夏即放綻花下作梂彙多刺花出梂上採花者必侵晨帶露摘取若日高露旰其花即已結閉成實不可採矣其朝陰雨無露放花較少旰摘無妨以無日色故也

紅花逐日放綻經月乃盡入藥用者不必製餅若入染家用者必以法成餅然後用則黃汁淨盡而眞紅乃現也其子煎壓出油或以銀箔貼扇面用此油一刷火上照乾立成金色

造紅花餅法

帶露摘紅花擣熟以水淘布袋絞去黃汁又擣以酸粟或米泔清又淘又絞袋去汁以靑蒿覆一宿捏成薄餅陰乾

收貯染家得法我朱孔揚所謂猩紅也（染紙吉禮用亦必紫鉚不然全無色）

附燕脂

燕脂古造法以紫鉚染綿者爲上紅花汁及山榴花汁者次之近濟寧路但取染殘紅花滓爲之値甚賤其滓乾者名曰紫粉丹青家或收用染家則糟粕棄也

槐花

凡槐樹十餘年後方生花實花初試未開者曰槐蕊綠衣所需猶紅花之成紅也取者張度簸稠其下而承之以水煮一沸漉乾捏成餅入染家用旣放之花色漸入黃收用者以石灰少許曬拌而藏之

終

粹精第四

宋子曰天生五穀以育民美在其中有黃裳之意焉稻以糠爲甲麥以麩爲衣粟粱黍稷毛羽隱然播精而擇粹其道寧終祕也飲食而知味者食不厭精杵臼之利萬民以濟蓋取諸小過爲此者豈非人貌而天者哉

攻稻

凡稻刈穫之後離藁取粒束藁于手而擊取者半聚藁于場而曳牛滾石以取者半凡束手而擊者受擊之物或用木桶或用石板收穫之時雨多霽少田稻交濕不可登場者以木桶就田擊取晴霽稻乾則用石板甚便也凡服牛曳石滾壓場中視人手擊取者力省三倍但作種之穀恐磨去穀尖減削生機故南方多種之家場禾多藉牛力而來年作種者則寧向石板擊取也凡稻最佳者九穰一秕倘風雨不時耘耔失節則六穰四秕者容有之凡去秕南方盡用風車扇去北方稻少用颺法即以颺麥黍者颺稻蓋不若風車之便也凡稻去殼用礱去膜用舂用碾然水碓主舂則兼併礱功燥乾之穀入碾亦省礱也凡礱有二種一用木爲之截木尺許（質多用松）斲合成大磨形兩扇皆鑿縱斜齒下合植筍穿貫上合空中受穀木礱攻米二千餘石其身乃盡凡木礱穀不甚燥者入礱亦不碎故入貢軍

已造成不煩掾木壅坡之力也又有一舉而三用者激水轉輪頭一節轉磨成麪二節運碓成米三節引水灌于稻田此心計無遺者之所爲也凡河濵水碓之國有老死不見礱者去糠去膜皆以臼相終始惟風篩之法則無不同也凡磑砌石爲之承藉轉輪皆用石牛犢馬駒惟人所使蓋一牛之力日可得五人但入其中者必極燥之穀稍潤則碎斷也

攻麥 颺 磨 羅 具圖

凡小麥其質爲麪蓋精之至者稻中再舂之米粹之至者麥中重羅之麪也小麥收穫時束藁擊取如擊稻法其去

秕法北土用颺蓋風扇流傳未偏率土也凡颺不在宇下必待風至而後爲之風不至雨不收皆不可爲也凡小麥旣颺之後以水淘洗塵垢淨盡又復曬乾然後入磨凡小麥有紫黃二種紫勝於黃凡佳者每石得麪一百二十觔劣者損三分之一也凡磨大小無定形大者用肥健力牛曳轉其牛曳磨時用桐殼掩眸不然則眩暈其腹繫桶以盛遺不然則穢也次者用驢磨觔兩稍輕又次小磨則止用人推挨者凡力牛一日攻麥二石驢半之人則強者攻三斗弱者半之若水磨之法其詳已載攻稻水碓中制度相同其便利又三倍于牛犢也凡牛馬與水磨皆懸袋磨

上上寬下窄貯麥數斗于中溜入磨眼人力所挨則不必也凡磨石有兩種麪品由石而分江南少粹白上麪者以石懷沙滓相磨發燒則其麩併破故黑纇參和麪中無從羅去也江北石性冷膩而產于池郡之九華山者美更甚以此石製磨石不發燒其麩壓至扁秕之極不破則黑疵一毫不入而麪成至白也凡江南磨二十日即斷齒江北者經半載方斷南磨破麩得麪百斤北磨只得八十斤故上麪之値增十之二然麪觔小粉皆從彼磨出則衡數已足得值更多焉凡麥經磨之後幾番入羅勤者不厭重復羅匡之底用絲織羅地絹爲之湖絲所織者羅麪千石不

損若他方黃絲所爲經百石而已朽也凡麪既成後寒天可經三月春夏不出二十日則鬱壞爲食適口貴及時也凡大麥則就舂去膜炊飯而食爲粉者十無一焉蕎麥則微加舂杵去衣然後或舂或磨以成粉而後食之蓋此類之視小麥精麤貴賤大徑庭也

攻黍稷粟粱麻菽　小碾　枷　具圖

凡攻治小米颺得其實舂得其精磨得其粹風颺車扇而外簸法生焉其法蔑織爲圓盤鋪米其中擠匀揚播輕者居前簸棄地下重者在後嘉實存焉凡小米舂磨揚播制器已詳稻麥之中唯小碾一制在稻麥之外北方攻小米

者家置石墩中高邊下邊沿不開槽鋪米墩上婦子兩人相向接手而碾之其碾石圓長如牛趕石而兩頭插木柄米墮邊時隨手以小篲掃上家有此具杵臼竟懸也凡胡麻刈穫于烈日中晒乾束爲小把兩手執把相擊麻粒綻落承藉以簟席也凡麻篩與米篩小者同形而目密五倍麻從目中落葉殘角屑皆浮篩上而棄之凡豆菽刈穫少者用枷多而省力者仍鋪場烈日晒乾牛曳石赶而壓落之凡打豆枷竹木竿爲柄其端錐圓眼拴木一條長三尺許鋪豆于場執柄而擊之凡豆擊之後用風扇揚去莢葉篩以繼之嘉實洒然入廩矣是故舂磨不及麻礎碾不及菽也

塲中打稻圖

趕稻及菽圖

打枷圖

木礱
土礱

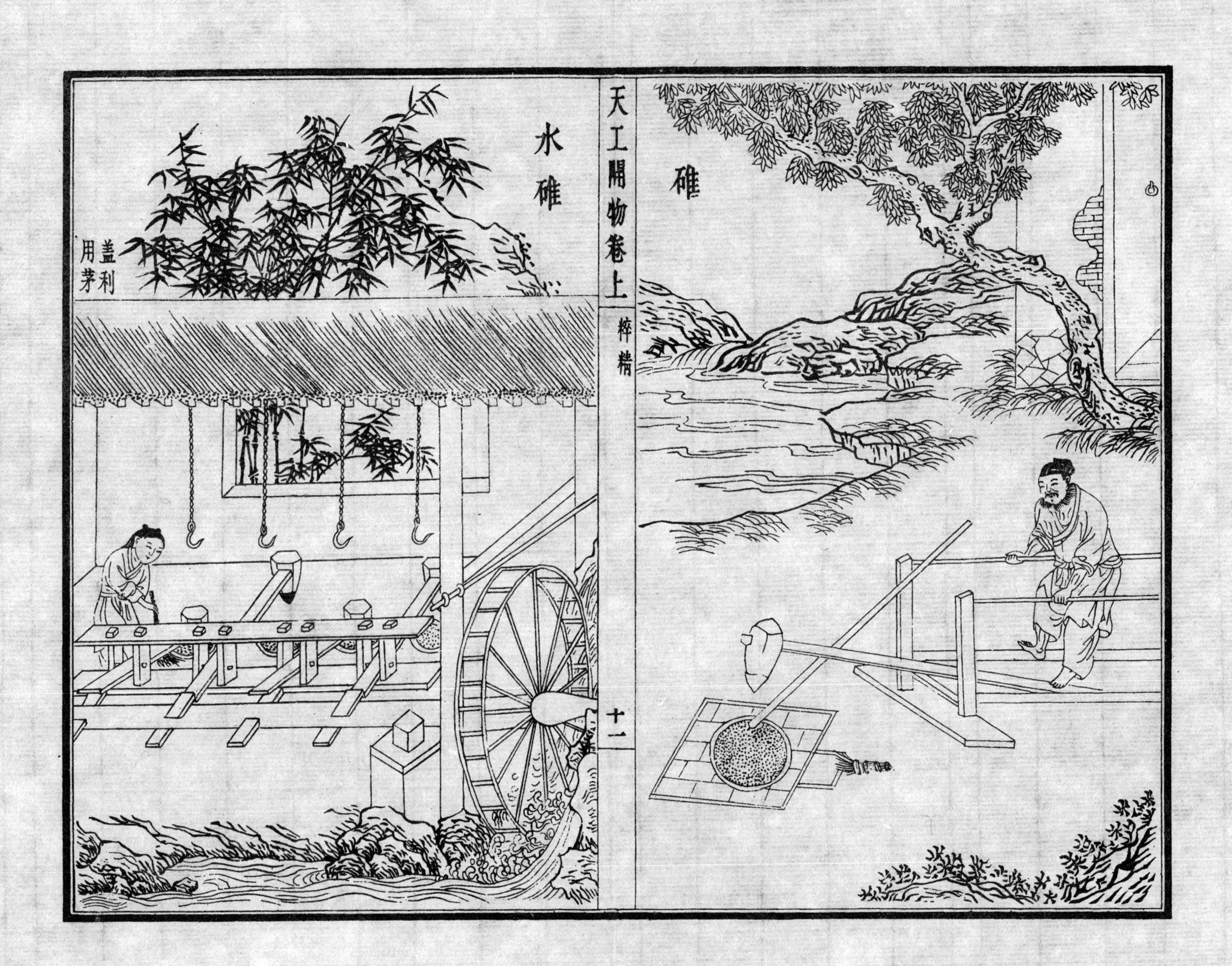
水碓
盖利用茅
碓

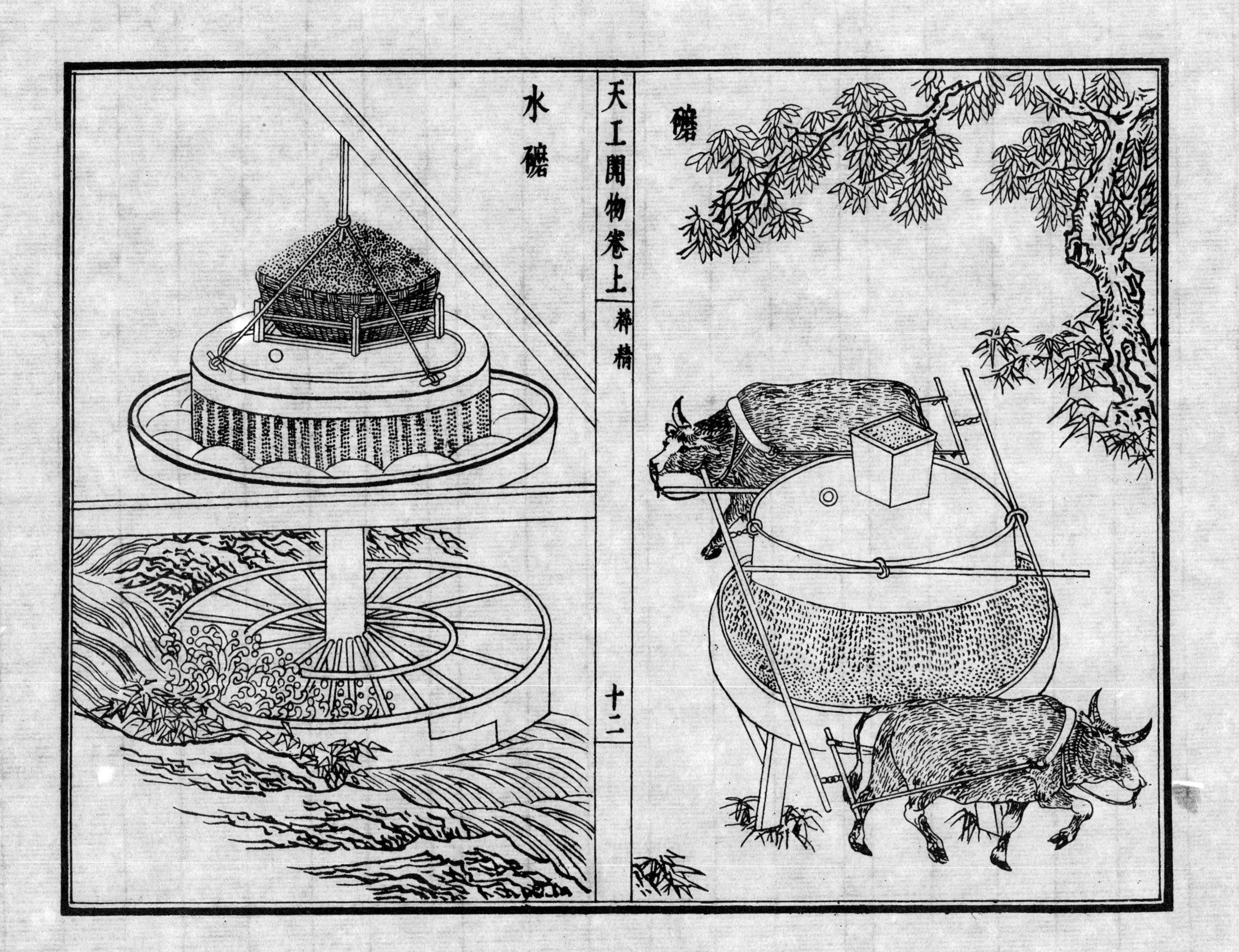
水礱
礱

礱磨
天工開物卷上
粹精
十三
小碾圖
石碾
梁粟稷黍皆用此碾

水輾
石輾

簸揚
擊麻

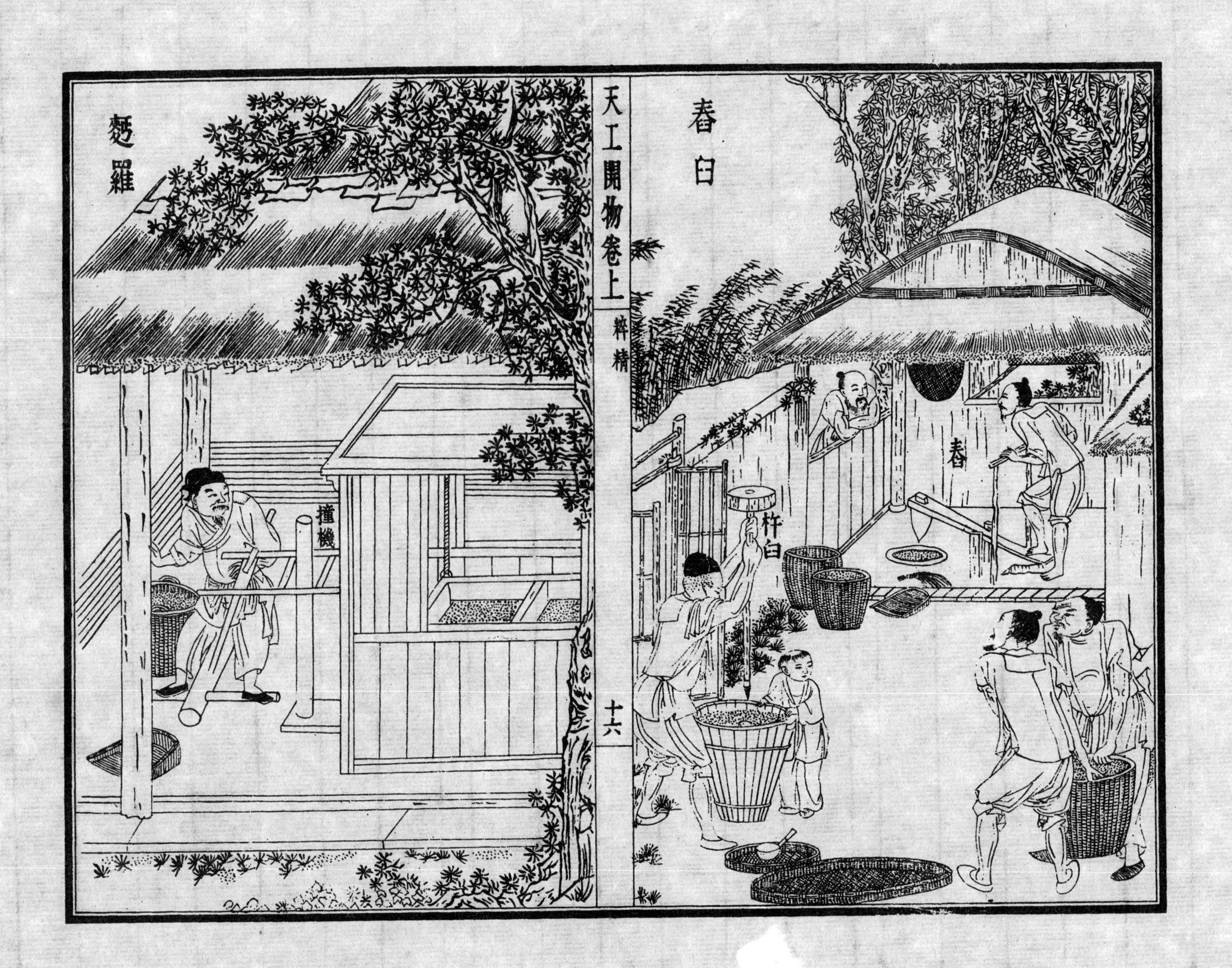
麪羅
撞機
舂臼
舂
杵臼

作鹹第五

宋子曰天有五氣是生五味潤下作鹹王訪箕子而首聞其義焉口之于味也辛酸甘苦經年絕一無恙獨食鹽禁戒旬日則縛雞勝匹倦怠懨然豈非天一生水而此味爲生人生氣之源哉四海之中五服而外爲蔬爲穀皆有寂滅之鄉而斥鹵則巧生以待孰知其所已然

鹽產

凡鹽產最不一海池井土崖砂石畧分六種而東夷樹葉西戎光明不與焉赤縣之內海鹵居十之八而其二爲井池土鹻或假人力或由天造總之一經舟車窮窘則造物

應付出焉

海水鹽

凡海水自具鹹質海濱地高者名潮墩下者名草蕩地皆產鹽同一海鹵傳神而取法則異一法高堰地潮波不没者地可種鹽種戶各有區畫經界不相侵越度詰朝無雨則今日廣佈稻麥藁灰及蘆茅灰寸許于地上壓使平匀明晨露氣衝騰則其下鹽茅勃發日中晴霽灰鹽一併掃起淋煎一法潮波淺被地不用灰壓候潮一過明日天晴半日晒出鹽霜疾趨掃起煎煉一法逼海潮深地先掘深坑橫架竹木上鋪席葦又鋪沙于葦席之上俟潮滅頂衝

過鹵氣由沙滲下坑中撤去沙葦以燈燭之鹵氣衝燈即滅取鹵水煎煉總之功在晴霽若淫雨連旬則謂之鹽荒又淮場地面有日晒自然生霜如馬牙者謂之大晒鹽不由煎煉掃起即食海水順風飄來斷草勾取煎煉名蓬鹽

凡淋煎法掘坑二箇一淺一深淺者尺許以竹木架蘆席于上將掃來鹽料（不論有灰無灰淋法皆同）鋪于席上四圍隆起作一隄墻形中以海水灌淋滲下淺坑中深者深七八尺受淺坑所淋之汁然後入鍋煎煉凡煎鹽鍋古謂之牢盆亦有兩種制度其盆周闊數丈徑亦丈許用鐵者以鐵打成葉片鐵釘拴合其底平如盂其四周高尺二寸其合縫處一經鹵汁結塞永無隙漏其下列竈燃薪多者十二三眼少者七八眼共煎此盤南海有編竹爲者將竹編成闊丈深尺糊以蜃灰附于釜背火燃釜底滾沸延及成鹽亦名鹽盆然不若鐵葉鑲成之便也凡煎鹵未即凝結將皁角椎碎和粟米糠二味鹵沸之時投入其中攪和鹽即頃刻結成蓋皁角結鹽猶石膏之結腐也凡鹽淮揚場者質重而黑其他質輕而白以量較之淮場者一升重十兩則廣浙長蘆者只重六七兩凡蓬草鹽不可常期或數年一至或一月數至凡鹽見水即化見風即鹵見火愈堅凡收藏不必用倉廩鹽性畏風不畏濕地下疊藁三寸任從卑濕無

傷周遭以土磚泥隙上蓋茅草尺許百年如故也

池鹽

凡池鹽宇內有二一出寧夏供食邊鎮一出山西解池供晉豫諸郡縣解池界安邑猗氏臨晉之間其池外有城堞周遭禁禦池水深聚處其色緑沉土人種鹽者池傍耕地爲畦隴引清水入所耕畦中忌濁水參入即淤澱鹽脉凡引水種鹽春間即爲之久則水成赤色待夏秋之交南風大起則一宵結成名曰顆鹽即古志所謂大鹽也以海水煎者細碎而此成粒顆故得大名其鹽凝結之後掃起即成食味種鹽之人積掃一石交官得錢數十文而已其海

豐深州引海水入池晒成者凝結之時掃食不加人力與解鹽同但成鹽時日與不藉南風則大異也

井鹽

凡滇蜀兩省遠離海濱舟車艱通形勢高上其鹹脉即韞藏地中凡蜀中石山去河不遠者多可造井取鹽鹽井周圍不過數寸其上口一小盂覆之有餘深必十丈以外乃得鹵性故造井功費甚難其器冶鐵錐如碓嘴形其尖使極剛利向石上舂鑿成孔其身破竹纏繩夾懸此錐每舂深入數尺則又以竹接其身使引而長初入丈許或以足踏碓稍如舂米形太深則用手捧持頓下所舂石成碎粉

隨以長竹接引懸鐵盞空之而上大抵深者半載淺者月餘乃得一井成就蓋井中空闊則鹵氣遊散不克結鹽故也井及泉後擇美竹長丈者鑿淨其中節留底不去其喉下安消息吸水入筒用長緪繫竹沉下其中水滿井上懸桔槔轆轤諸具制盤駕牛牛曳盤轉轆轤絞緪汲水而上入于釜中煎煉（只用中釜不用牢盆）頃刻結鹽色成至白西川有火井事奇甚其井居然冷水絕無火氣但以長竹剖開去節合縫漆布一頭插入井底其上曲接以口緊對釜臍注鹵水釜中只見火意烘烘水即滾沸啟竹而視之絕無半點焦炎意未見火形而用火神此世間大奇事也凡川滇鹽

井逃課掩蓋至易不可窮詰

末鹽

凡地鹻煎鹽除并州末鹽外長蘆分司地土人亦有刮削煎成者帶雜黑色味不甚佳

崖鹽

凡西省階鳳等州邑海井交窮其巖穴自生鹽色如紅土恣人刮取不假煎煉

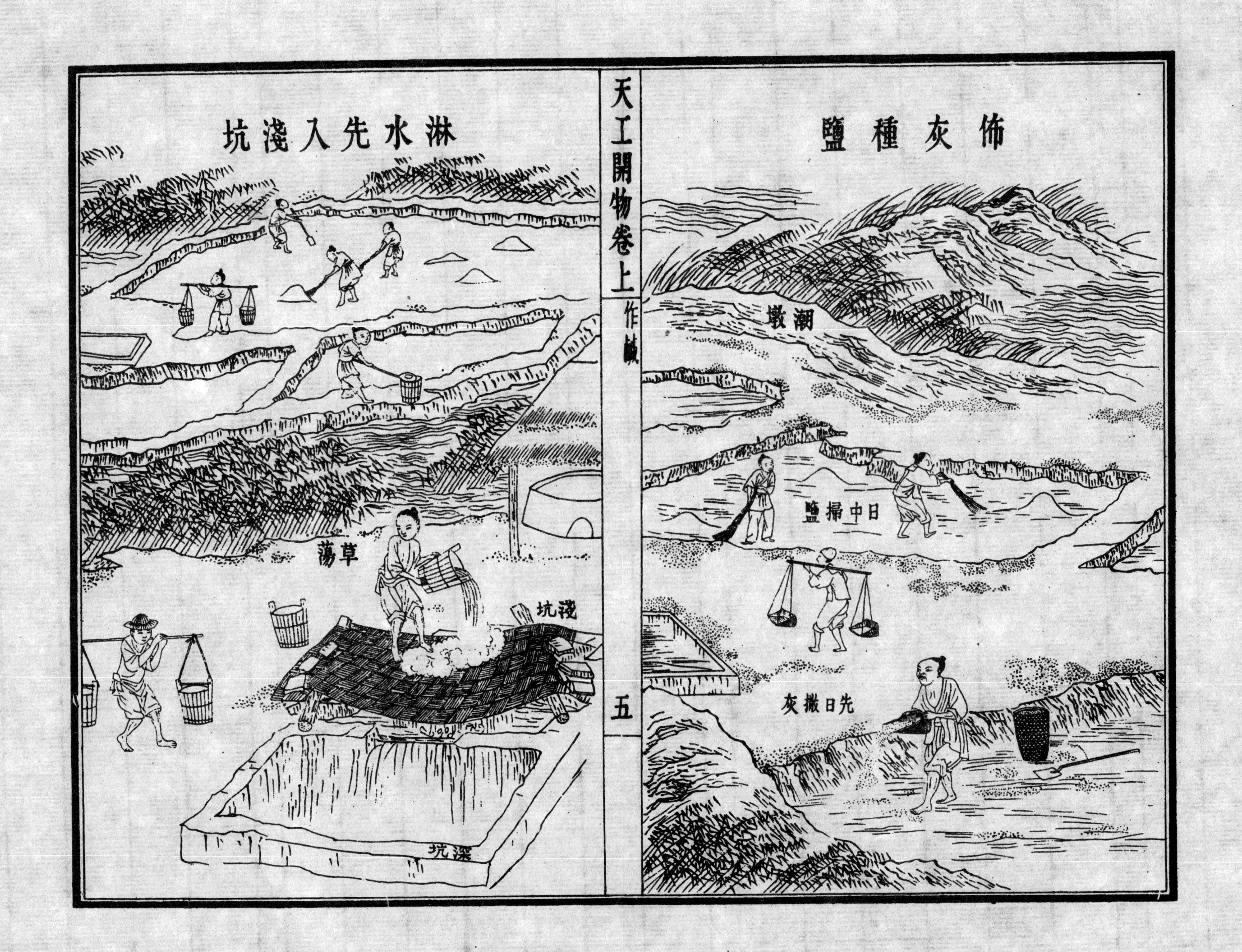
淋水先入淺坑
草蕩
淺坑
深坑
天工開物卷上
作鹹
五
佈灰種鹽
潮墩
日中掃鹽
先日撒灰

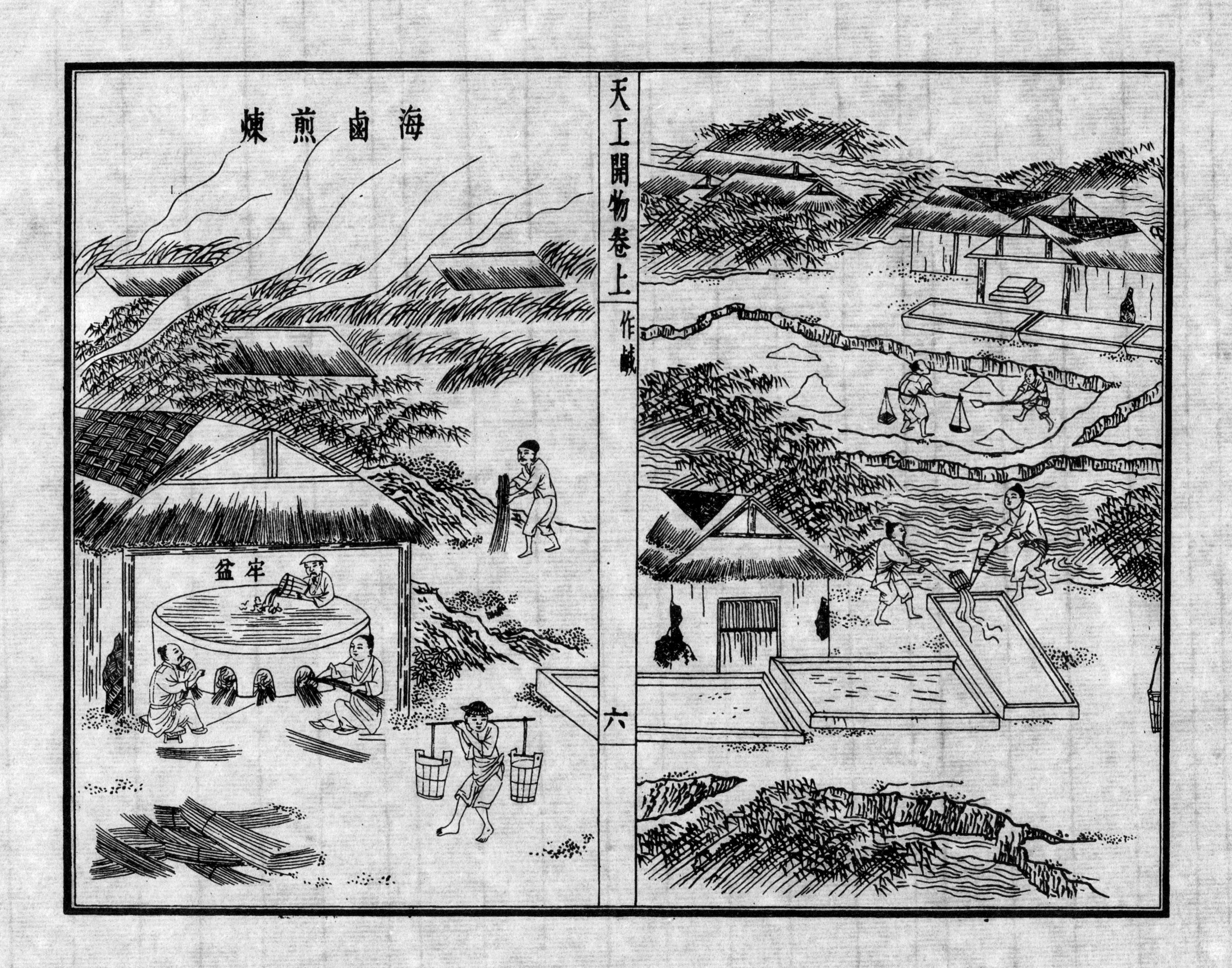
海鹵煎煉
牢盆

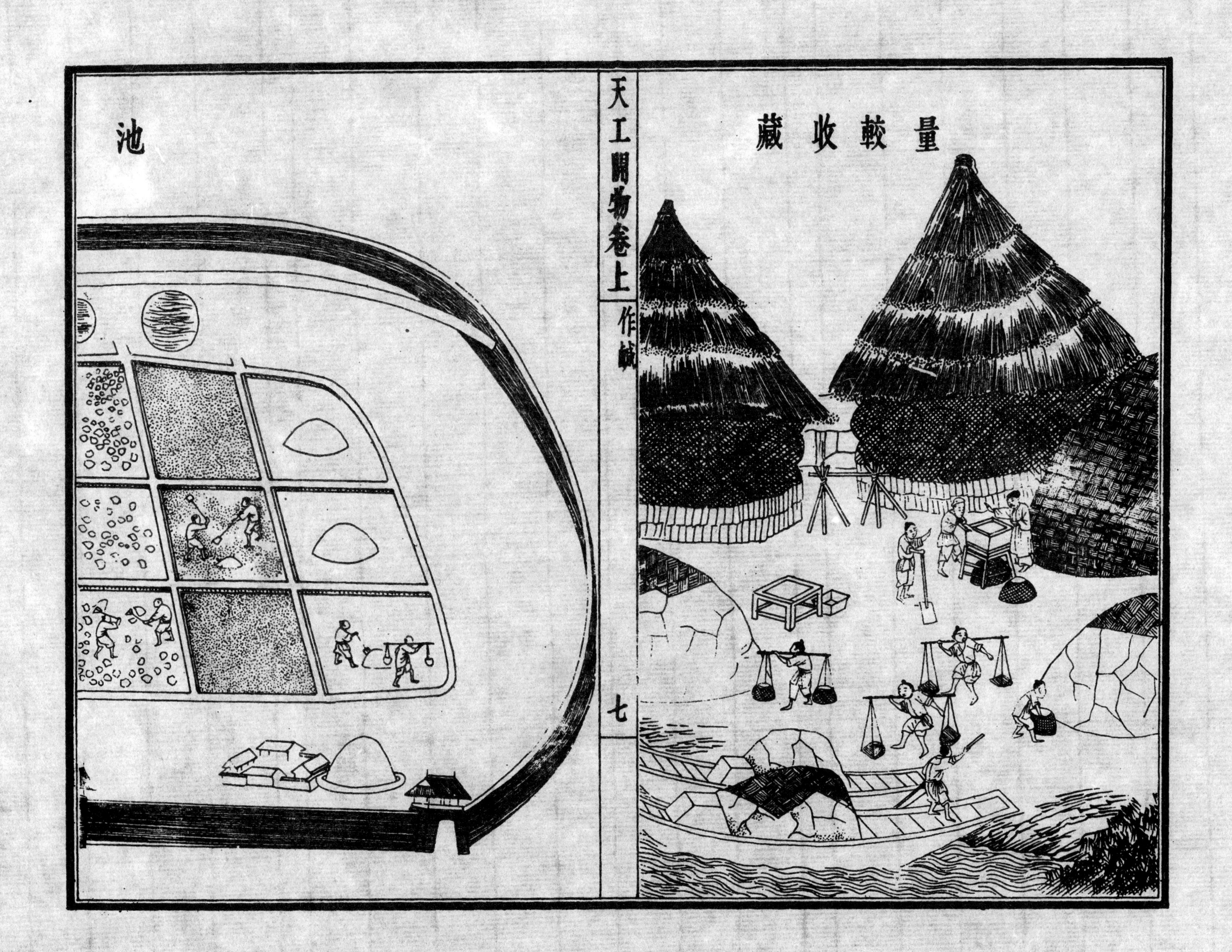
量較收藏
池

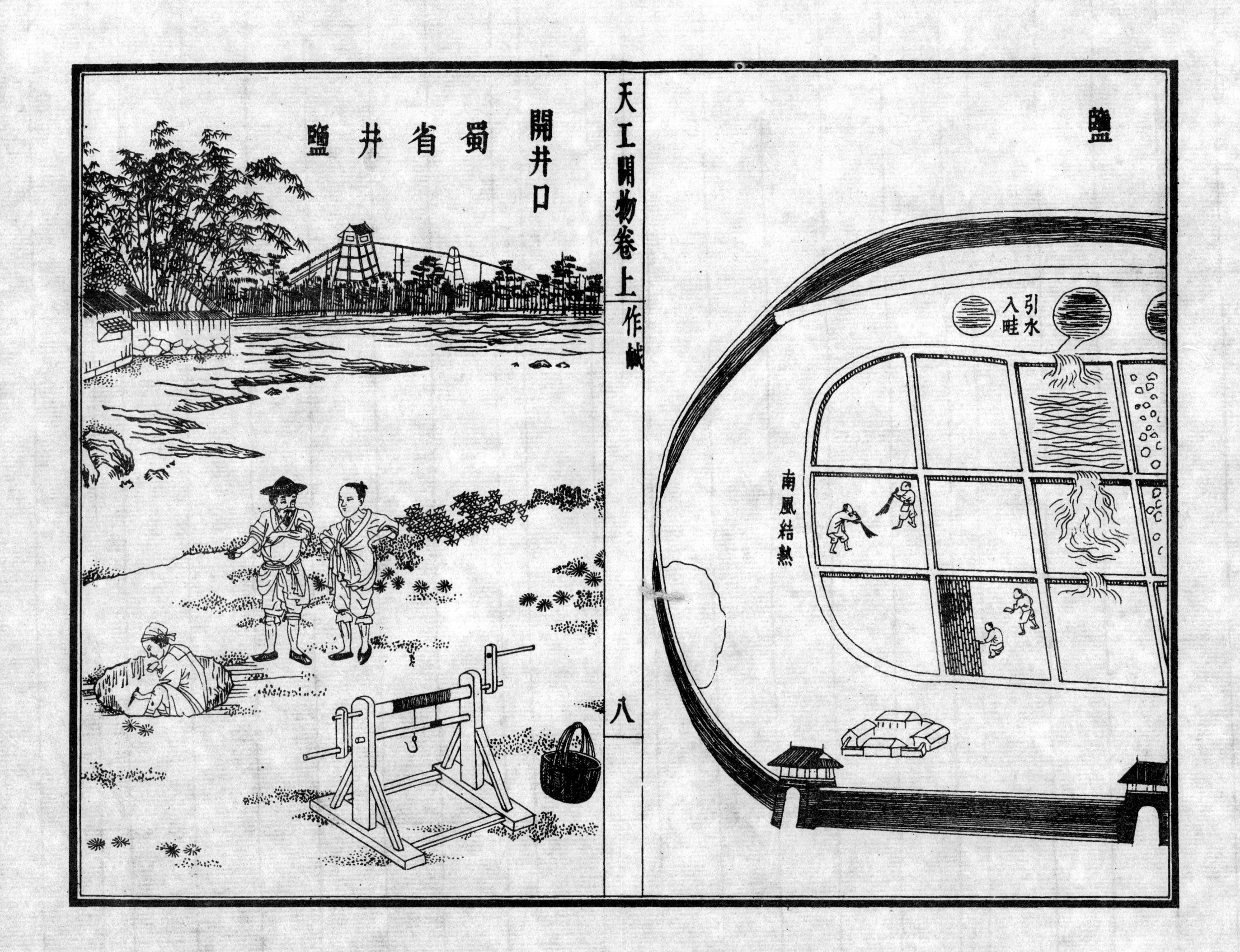
鹽
引水入畦
南風結熱
蜀省井鹽
開井口

下石圖

場竈煮鹽
汲鹵

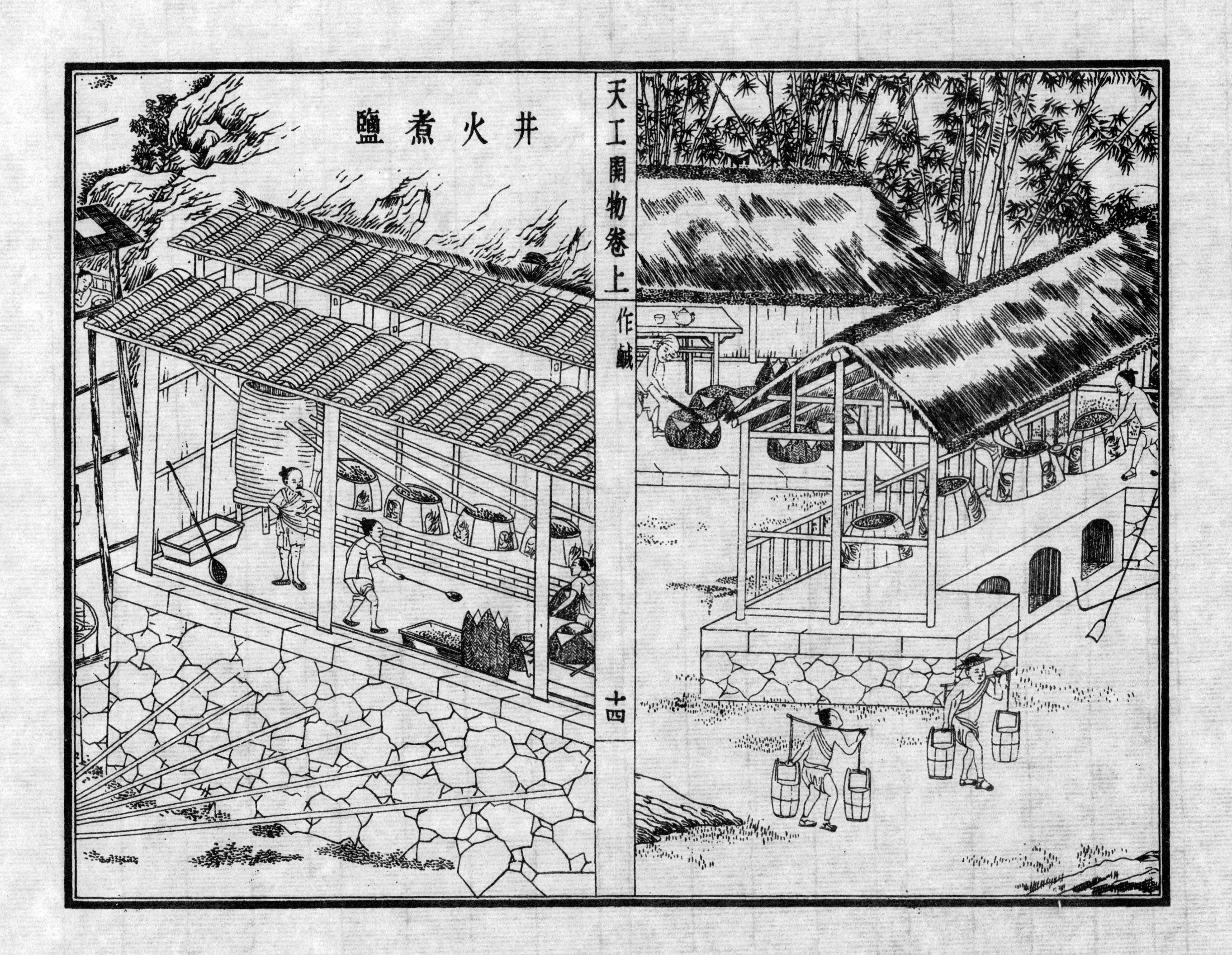
井火煮鹽
天工開物卷上
作鹹
十四

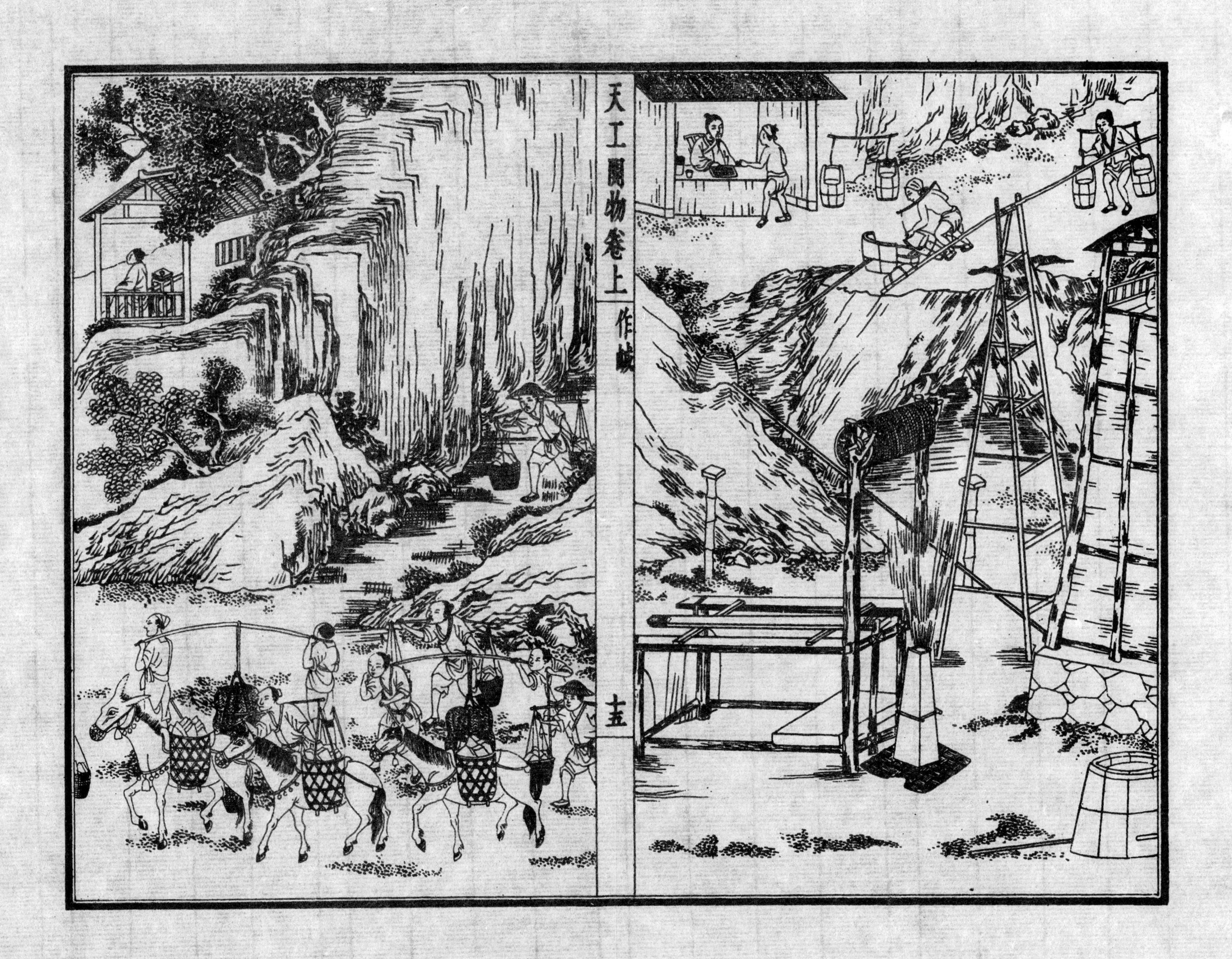

川滇載運

圍方妙兩軸一長三尺一長四尺五寸其長者出筍安犂擔擔用屈木長一丈五尺以便駕牛團轉走軸上鑿齒分配雌雄其合縫處須直而圓圓而縫合夾蔗于中一軋而過與棉花赶車同義蔗過漿流再拾其滓向軸上鴨嘴扱入再軋又三軋之其汁盡矣其滓爲薪其下板承軸鑿眼只深一寸五分使軸腳不穿透以便板上受汁也其軸腳嵌安鐵錠于中以便捩轉凡汁漿流板有槽梘汁入于缸內每汁一石下石灰五合于中凡取汁煎糖並列三鍋如品字先將稠汁聚入一鍋然後逐加稀汁兩鍋之內若火力少束薪其糖即成頑糖起沫不中用

造白糖

凡閩廣南方經冬老蔗用車同前法榨汁入缸看水花爲火色其花煎至細嫩如羹沸以手捻試黏手則信來矣此時尚黃黑色將桶盛貯凝成黑沙然後以瓦溜（教陶家燒造）置缸上其溜上寬下尖底有一小孔將草塞住傾桶中黑沙于內待黑沙結定然後去孔中塞草用黃泥水淋下其中黑滓入缸內溜內盡成白霜最上一層厚五寸許潔白異常名曰洋糖（西洋糖絕白美故名）下者稍黃褐造冰糖者將洋糖煎化蛋青澄去浮滓候視火色將新青竹破成篾片寸斬撒入其中經過一宵即成天然冰塊造獅象人物等質料

精麤由人凡白糖有五品石山爲上團枝次之甕鑑次之小顆又次沙脚爲下

飴餳

凡飴餳稻麥黍粟皆可爲之洪範云稼穡作甘及此乃窮其理其法用稻麥之類浸濕生芽暴乾然後煎煉調化而成色以白者爲上赤色者名曰膠飴一時宮中尚之含于口內即溶化形如琥珀南方造餅餌者謂飴餳爲小糖蓋對蔗漿而得名也飴餳人巧千方以供甘旨不可枚述惟尚方用者名一窩絲或流傳後代不可知也

蜂蜜

凡釀蜜蜂普天皆有唯蔗盛之鄉則蜜蜂自然減少蜂造之蜜出山崖土穴者十居其八而人家招蜂造釀而割取者十居其二也凡蜜無定色或青或白或黃或褐皆隨方土花性而變如菜花蜜禾花蜜之類百千其名不止也凡蜂不論于家于野皆有蜂王王之所居造一臺如桃大王之子世爲王王生而不採花每日羣蜂輪值分班採花供王王每日出遊兩度春夏造蜜時遊則八蜂輪值以侍蜂王自至孔隙口四蜂以頭頂腹四蜂傍翼飛翔而去遊數刻而返翼頂如前畜家蜂者或懸桶簷端或寘箱牖下皆錐圓孔眼數十俟其進入凡家人殺一蜂二蜂皆無恙殺至三

天工開物卷上終

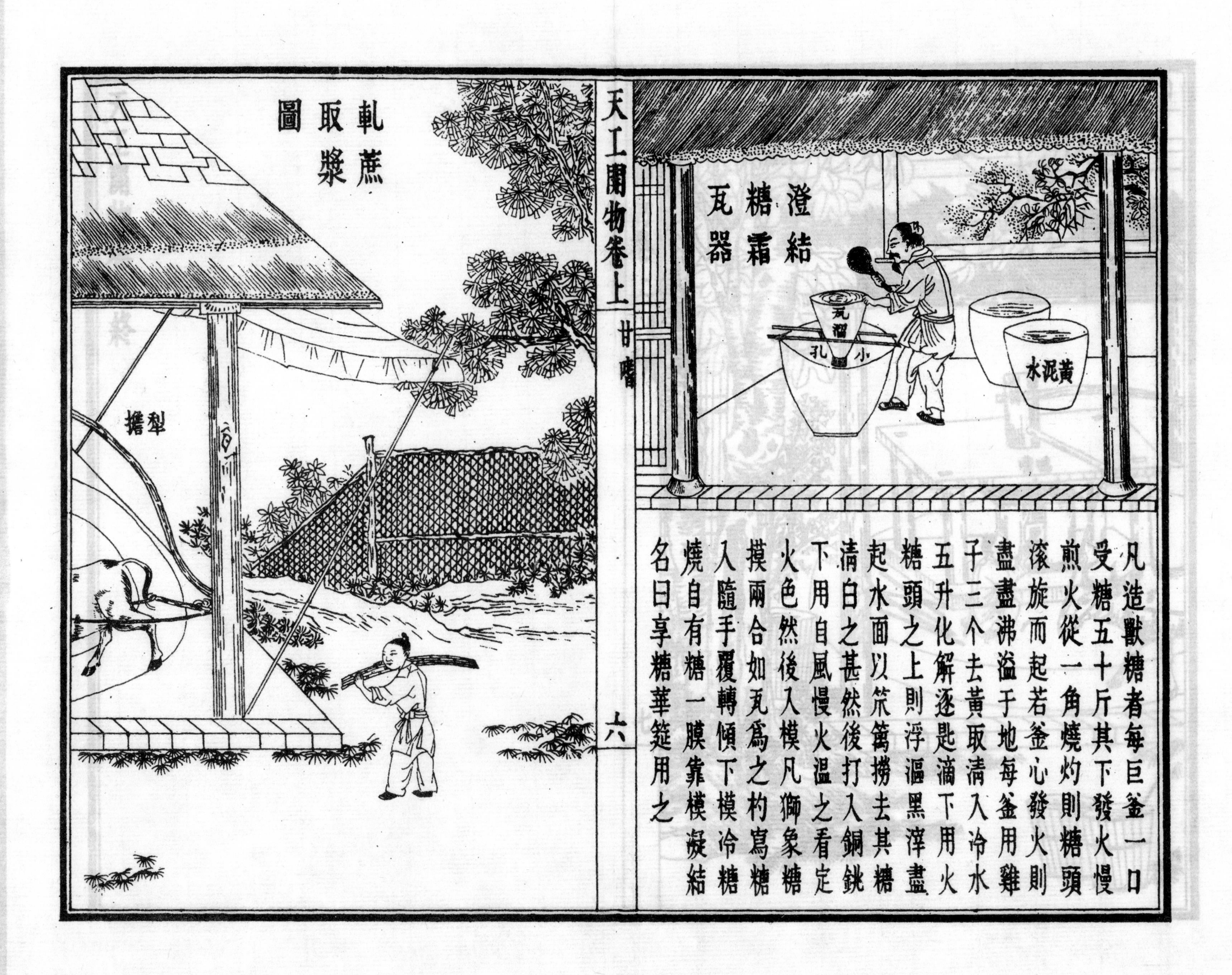

凡造獸糖者每巨釜一口受糖五十斤其下發火慢煎火從一角燒灼則糖頭滾旋而起若釜心發火則盡盡沸溢于地每釜用雞子三个去黃取清入冷水五升化解逐匙滴下用火糖頭之上則浮漚黑滓盡起水面以笊籬撈去其糖清白之甚然後打入銅銚下用自風慢火溫之看定火色然後入模凡獅象糖摸兩合如瓦爲之杓寫糖入隨手覆轉傾下模冷糖燒自有糖一膜靠模凝結名曰享糖華筵用之

蜂則羣起螫人謂之蜂反凡蝙蝠最喜食蜂投隙入中吞噬無限殺一蝙蝠懸于蜂前則不敢食俗謂之梟令凡家畜蜂東鄰分而之西舍必分王之子去而爲君去時如鋪扇擁衞鄉人有撒酒糟香而招之者凡蜂釀蜜造成蜜脾其形鬣鬣然咀嚼花心汁吐積而成潤以人小遺則甘芳並至所謂臭腐神奇也凡割脾取蜜蜂子多死其中其底則爲黃蠟凡深山崖石上有經數載未割者其蜜已經時自熟土人以長竿刺取蜜卽流下或未經年而攀緣可取者割煉與家蜜同也土穴所釀多出北方南方卑濕有崖蜜而無穴蜜凡蜜脾一斤煉取十二兩西北半天下蓋與蔗漿分勝云

蔗治畦行闊四尺犂溝深四寸蔗栽溝內約七尺列三叢掩土寸許土太厚則芽發稀少也芽發三四箇或六七箇時漸漸下土遇鋤耨時加之加土漸厚則身長根深庶免欹倒之患凡鋤耨不厭勤過澆糞多少視土地肥磽長至一二尺則將胡麻或芸苔枯浸和水灌灌肥欲施行內高二三尺則用牛進行內耕之半月一耕用犂一次墾土斷傍根一次掩土培根九月初培土護根以防斫後霜雪

蔗品

凡荻蔗造糖有凝冰白霜紅砂三品糖品之分分于蔗漿之老嫩凡蔗性至秋漸轉紅黑色冬至以後由紅轉褐以成至白五嶺以南無霜國土蓄蔗不伐以取糖霜若韶雄以北十月霜侵蔗質遇霜即殺其身不能久待以成白色故速伐以取紅糖也凡取紅糖窮十日之力而爲之十日以前其漿尚未滿足十日以後恐霜氣逼侵前功盡棄故種蔗十畝之家卽製車釜一付以供急用若廣南無霜遲早惟人也

造糖 具圖

凡造糖車制用橫板二片長五尺厚五寸闊二尺兩頭鑿眼安柱上筍出少許下筍出板二三尺埋築土內使安穩不搖上板中鑿二眼並列巨軸兩根（木用至堅重者）軸木大七尺

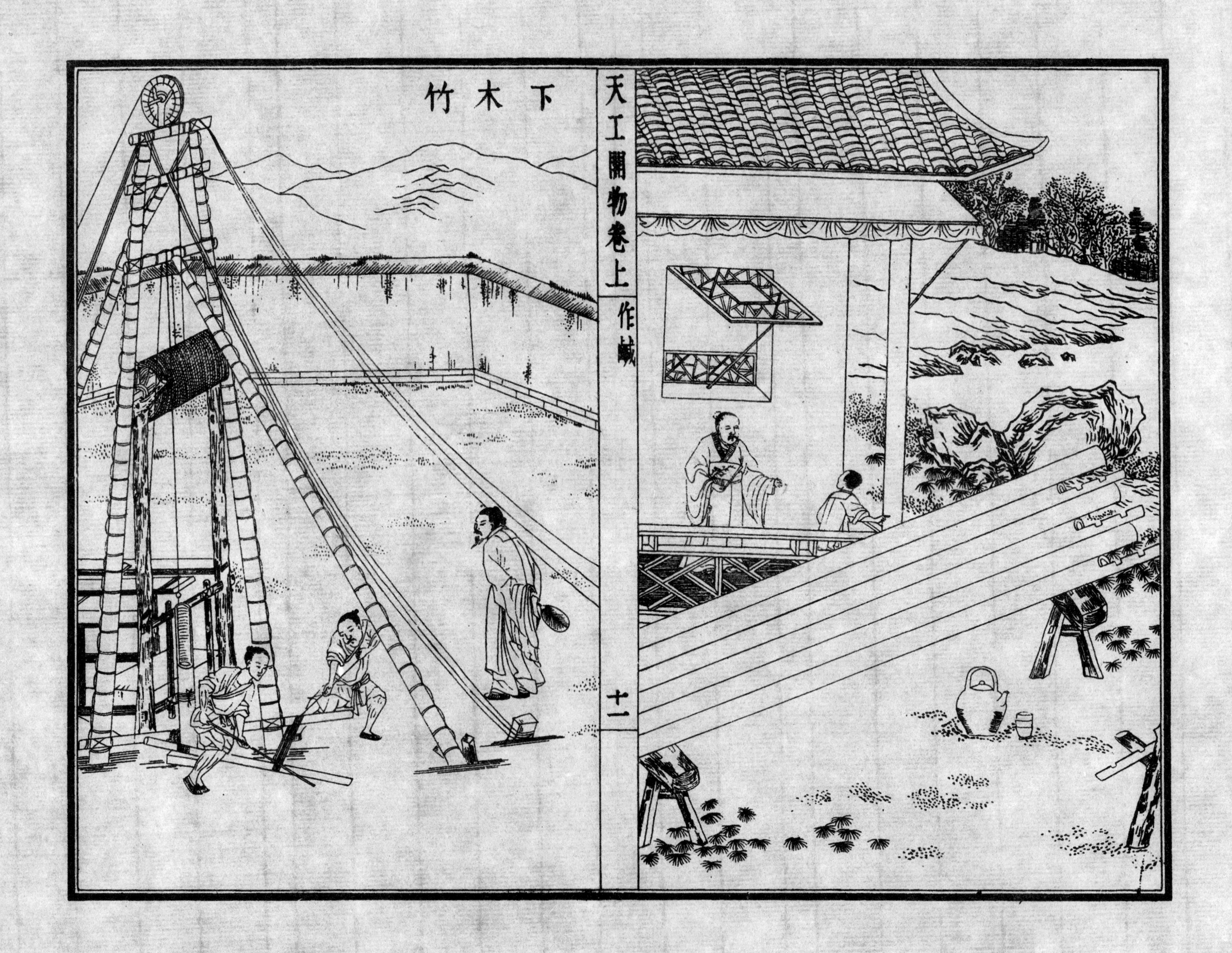
下木竹
天工開物卷上
作鹹
十一

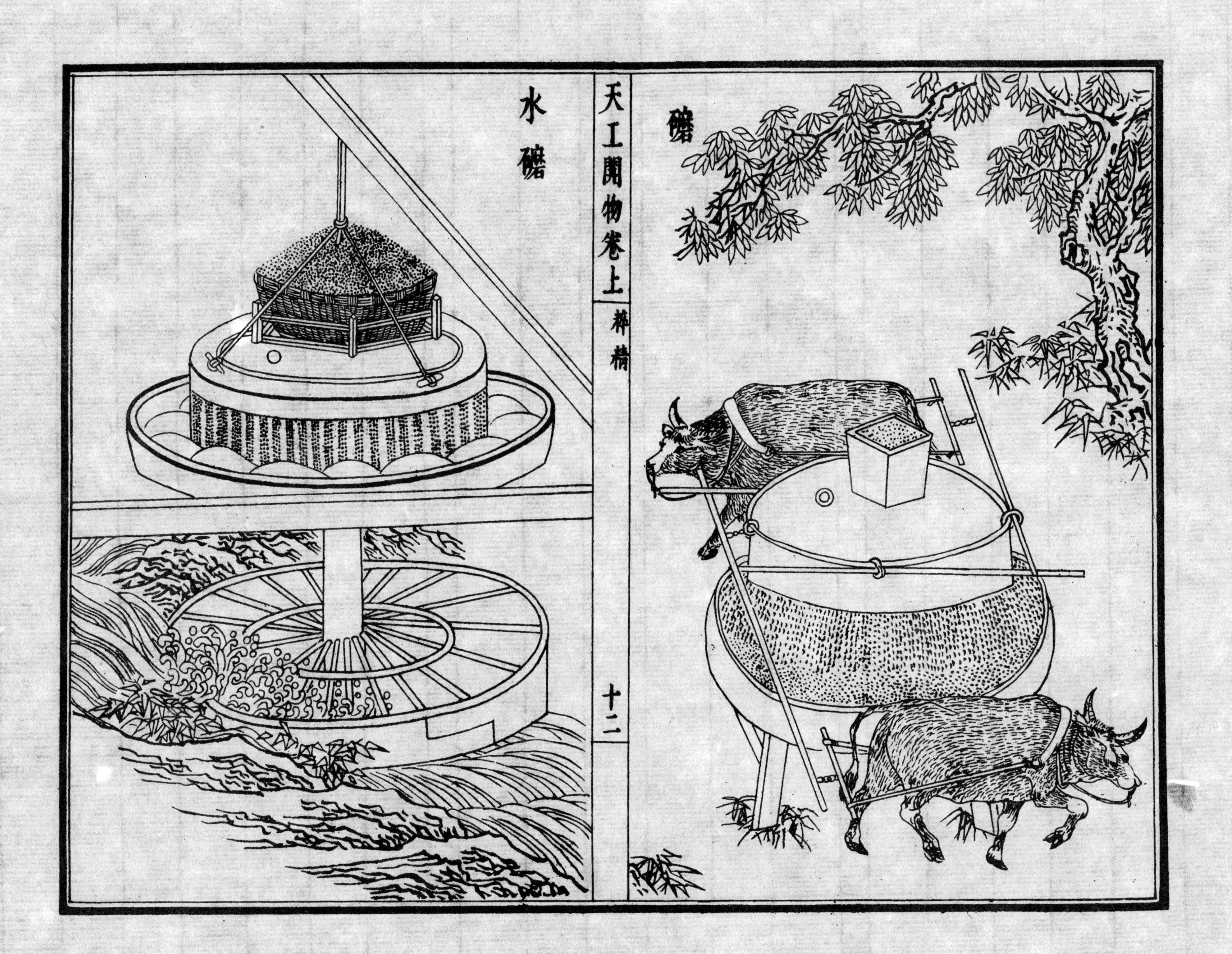
水礳
礳

簸揚
天工開物卷上
粹精
十五
擊麻

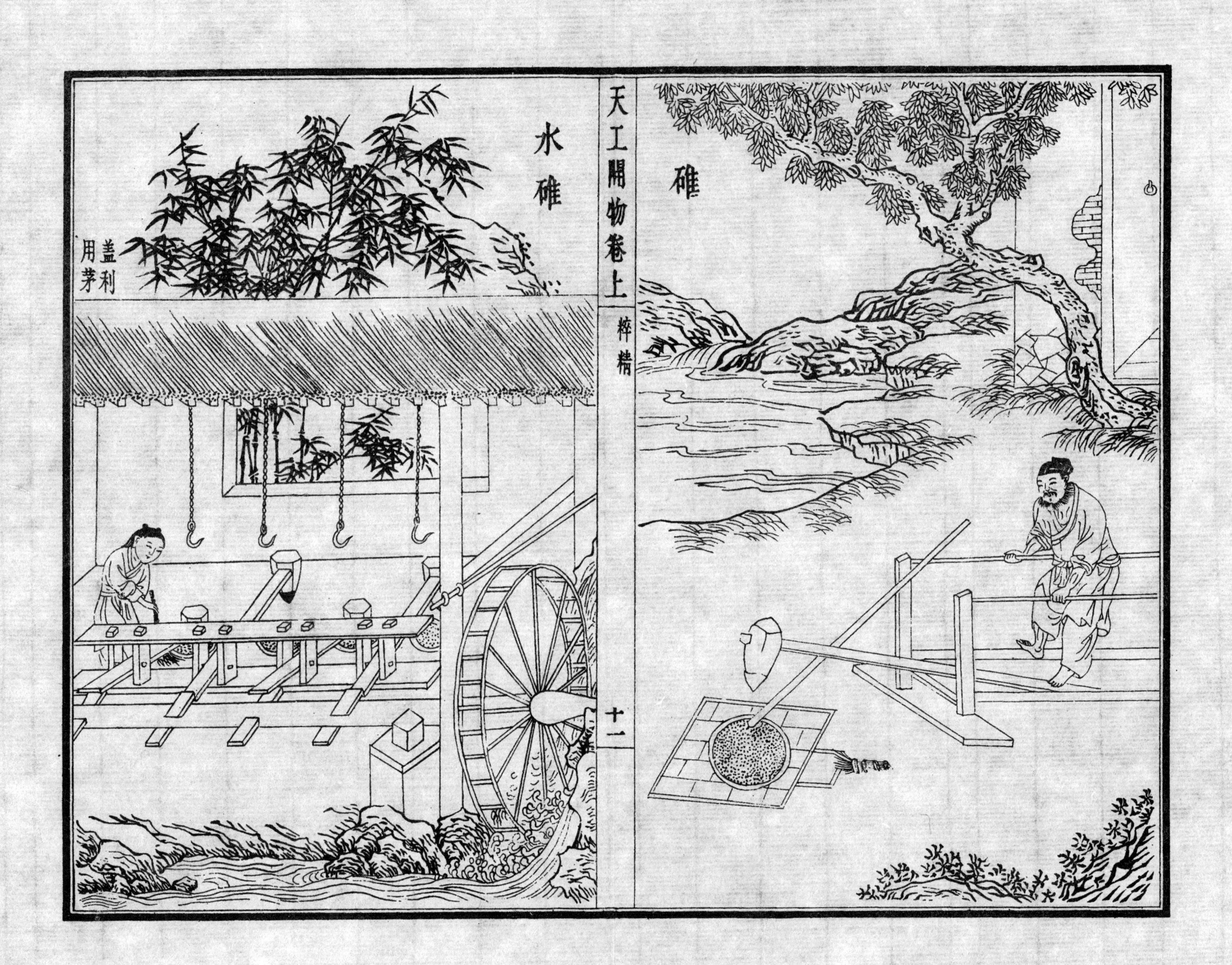
水碓
盖利用茅
天工開物卷上
粹精
十一
碓

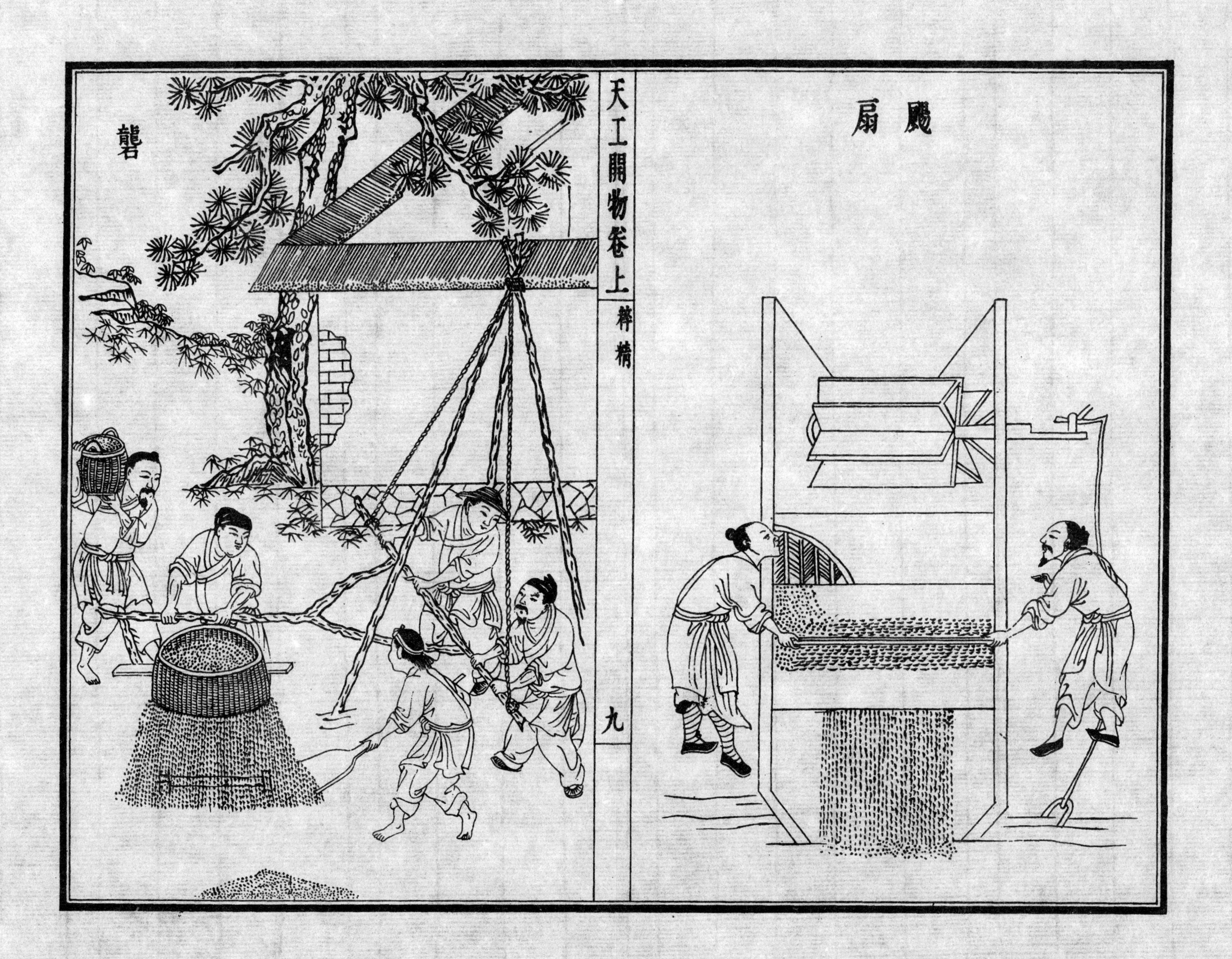
礱
颺扇

過糊
印架
經耙
交頭

脚（水磨竹棍爲之計一千八百根）對花樓下掘坑二尺許以藏衢脚（地氣濕者架棚二尺代之）提花小廝坐立花樓架木上機末以的杠卷絲中用疊助木兩枝直穿二木約四尺長其尖插於筬兩頭疊助織紗羅者視織綾絹者減輕十餘觔方妙其素羅不起花紋與軟紗綾絹踏成浪梅小花者視素羅只加桄二扇一人踏織自成不用提花之人閒住花樓亦不設衢盤與衢脚也其機式兩接前一接平安自花樓向身一接斜倚低下尺許則疊助力雄若織包頭細軟則另爲均平不斜之機坐處鬬二脚以其絲微細防過疊助之力也

腰機式　具圖

凡織杭西羅地等絹輕素等紬銀條巾帽等紗不必用花機只用小機織匠以熟皮一方寘坐下其力全在腰尻之上故名腰機普天織葛苧棉布者用此機法布帛更整齊堅澤惜今傳之猶未廣也

結花本

凡工匠結花本者心計最精巧畫師先畫何等花色于紙上結本者以絲線隨畫量度算計分寸杪忽而結成之張懸花樓之上卽織者不知成何花色穿綜帶經隨其尺寸度數提起衢脚梭過之後居然花現蓋綾絹以浮輕而見花紗羅以糾緯而見花綾絹一梭一提紗羅來梭提往梭

摘葉用繩懸掛透風簷下時振其繩待風吹乾若用手掌拍乾則葉焦而不滋潤他時絲亦枯色凡食葉眠前必令飽足而眠眠起即遲半日上葉無妨也霧天濕葉甚壞蠶其晨有霧切勿摘葉待霧收時或晴或雨方剪伐也露珠水亦待旰乾而後剪摘

病症

凡蠶卵中受病已詳前款出後濕熱積壓妨忌在人初眠騰時用漆合者不可蓋掩逼出炁水凡蠶將病則腦上放光通身黃色頭漸大而尾漸小併及眠之時遊走不眠食葉又不多者皆病作也急擇而去之勿使敗羣凡蠶強美者必眠葉面壓在下者或力弱或性懶作繭亦薄其作繭不知收法妄吐絲成闊窩者乃蠢蠶非懶蠶也

老足

凡蠶食葉足候只爭時刻自卵出蚕多在辰巳二時故老足結繭亦多辰巳二時老足者喉下兩咉通明捉時嫩一分則絲少過老一分又吐去絲繭殼必薄捉者眼法高一隻不差方妙黑色蠶不見身中透光最難捉

結繭 山箔 具圖

凡結繭必如嘉湖方盡其法他國不知用火烘聽蠶結出甚至叢桿之內箱匣之中火不經風不透故所為屯漳等

種者花實亦待中秋乃結耨草之功唯鋤是視其色有黑白赤三者其結角長寸許有四稜者房小而子少八稜者房大而子多皆因肥瘠所致非種性也收子榨油每石得四十觔餘其枯用以肥田若饑荒之年則留供人食

菽

凡菽種類之多與稻黍相等播種收穫之期四季相承果腹之功在人日用蓋與飲食相終始　一種大豆有黑黃兩色下種不出清明前後黃者有五月黃六月爆冬黃三種五月黃收粒少而冬黃必倍之黑者刻期八月收淮北長征騾馬必食黑豆筋力乃強凡大豆視土地肥磽耨草勤怠雨露足慳分收入多少凡爲豉爲醬爲腐皆于大豆

中取質焉江南又有高脚黃六月刈早稻方再種九十月收穫江西吉郡種法甚妙其刈稻田竟不耕墾每禾藁頭中拈豆三四粒以指扱之其藁凝露水以滋豆豆性充發復浸爛藁根以滋已生苗之後遇無雨亢乾則汲水一升以灌之一灌之後再耨之餘收穫甚多凡大豆入土未出芽時妨鳩雀害敺之惟人　一種綠豆圓小如珠綠豆必小暑方種未及小暑而種則其苗蔓延數尺結莢甚稀若過期至于處暑則隨時開花結莢顆粒亦少豆種亦有二一日摘綠莢先老者先摘人逐日而取之一日拔綠則至

鑿井　製木作　下木竹　汲鹵　場竈煮鹽　井
火煮鹽　川滇載運
甘嗜第六
蔗種　蔗品　造糖　造白糖　飴糖　蜂蜜
今訂圖如下
澄結糖霜瓦器 原有目缺　軋蔗取漿圖 原有目缺
天工開物卷中
陶埏第七
瓦　磚　罌甕　白瓷　青瓷　窯變　回青
今訂圖目

造瓦　泥造磚坯　磚瓦濟水轉釉窯　煤炭燒磚
窯　造瓶　瓶窑連接缸窑　造缸　瓷器窑　過
利圖　瓷器汶水　打圈圖　瓷器過釉 以上十三圖均原有
目皆缺
冶鑄第八
鼎　鐘　釜　像　砲　鏡　錢　鐵錢
今訂圖目
鑄鼎　鑄千斤鐘與仙佛像　塑鐘模　鑄釜　鑄
錢　鏟錢　倭國造銀錢 以上七圖原有目皆缺
舟車第九

總目

乃粒第一

總名　稻　稻宜　稻工（耕耙磨耙耘耔皆具圖）稻災　水利（筒車牛車踏車拔車桔槔皆具圖）麥　麥工（北耕種耨具圖）麥災

黍稷　粱粟　麻　菽

今訂圖目

耕　耘　耔　耙　磨耙（目有圖缺）堰（補）陂（補）筒車　高轉筒車（增）牛車　水車（增）桔槔　轆轤（補）踏車　拔車　北耕兼種　南種牟麥（原有目缺）耨　北蓋種（原有目缺）

乃服第二

蠶種　蠶浴　種忌　種類　抱養　養忌　葉料

食忌　病症　老足　結繭（山箔具圖）取繭　物害

擇繭　造綿　治絲（繅車具圖）調絲　緯絡（紡車具圖）經具（溜眼掌扇經耙印架皆具圖）過糊　邊維　經數　花機式（具全圖）腰機式（具圖）結花本　穿經　分名　熟練　龍袍　倭緞　布衣（赶彈紡具圖）枲著　夏服　裘　褐　氈

今訂圖目

蠶浴（補）老足（補）取繭（補）山箔（補）擇繭（補）治絲一（增）治絲二（原有）繅車一（增）繅車二（原有）調絲（原有目缺）紡車　溜眼掌扇經耙　印架過糊（原圖過糊與印架并爲一圖印架有目過糊下失注）

出版説明

明代的農業和手工業生産在宋元的基礎上有了很大的進步，農作物的耕種栽培技術更加成熟，農業的發展爲手工業生産提供了充足的原料和市場，同時造紙業、采礦業、冶金及金屬加工工業也快速發展。明代中葉開始産生的資本主義萌芽，對明代社會的科學技術發展有着促進作用，一批封建知識分子衝破宋明理學的束縛，提倡經世致用，爲此出現了不少著名的科學家和科學著作，宋應星所著《天工開物》即爲其中之一。

宋應星（一五八七—？），字長庚，江西奉新縣人。萬曆四十三年（一六一五），宋應星與兄長宋應昇同時考中舉人，時人稱他們爲『奉新二宋』。歷任江西分宜縣教諭、福建汀州推官、安徽亳州知州等，在分宜縣教諭任上撰寫了《天工開物》。

《天工開物》共三卷十八篇，配以一百多幅插圖。內容以農業和手工業生産技術經驗爲主，幾乎涵蓋了當時社會生産的所有領域。卷上六篇，內容包括穀物及其加工、製鹽、製糖、製衣及染色等；卷中七篇，內容爲手工業技術，包括製陶、鑄造、車船、鍛造、開礦、製油等；卷下五篇，內容以工業生産爲主，包括五金生産、兵器製造、丹青顔料製作、釀酒、珠玉開采等。全書以穀物開篇，以珠玉結束，對內容的先後次序，作者在《天工開物序》中有所説明，『卷分前後，乃貴五穀而賤金玉之義』。

《天工開物》是中國古代重要的科學技術名著，全面而系統地反映了明以前我國農業和手工業生産的技術發展水平，體現了作者的農本思想，主張發展手工業、冶礦業，提倡經貿往來，繁榮社會經濟。內容豐富，文字簡明，插圖生動形象。歷來備受國內外推崇，迄今已有日、英、德、法等譯本。陶湘在《重印天工開物緣起》中如此評價，『三百年前農工實業之專著捨此